Human Origin and Migration

人类起源和迁徙之谜

李　辉
金雯俐　◎著

上海科技教育出版社

作者简介

李辉 复旦大学生命科学学院教授、博导，复旦大学现代人类学教育部重点实验室主任，复旦大学科技考古研究院副院长，大同市中华民族寻根工程研究院院长，中国人类学民族学研究会理事，中国人类学学会理事，上海人类学学会常务副会长，亚洲人文与自然研究院副院长。主要研究分子人类学，从DNA探索人类起源与文明肇始，获多项科技成果奖，其成果被《科学》以“复活传奇”为题作专版报道。在《科学》《自然》等学术刊物上发表论文260多篇。撰写《Y染色体与东亚族群演化》《来自猩猩的你》《傷傣话：世界上元音最多的语言》《复旦校园植物图志》《极简人类进化图解》及英文版 *Languages & Genes in NW China & Adjacent Regions* 等科技著作，《岭南民族源流史》《我们是谁》《人类学终身成就奖获得者风采录》等史学著作，《道德经古本合订》《茶道经》等哲学著作，曾翻译《夏娃的七个女儿》《我的美丽基因组》等科普名著，有诗集《自由而无用的灵魂》《皎皎明月光》《谷雨》《紫晨词》《茶多语》《十二山》《二十四节气茶事》等，译梵诗集《德州菩提集》。

金雯俐 上海自然博物馆（上海科技馆分馆）教育运行部副主任，副研究馆员。2005年起开展科普教育工作，致力于原创科学普及、拓展性教育项目策划、展览教育效果评估、科学性观众行为研究、科学教育人才培育等。曾被科技部授予“全国十佳科普使者”荣誉称号，获得全国科普讲解大赛一等奖、最佳口才奖、全国科学表演大赛一等奖、上海市科普讲解大赛金奖、“谁是王牌诠释者”总冠军等。发表《科普场馆如何转化高新科研技术成果》《智人与现代人名词混用及其对科学传播的影响》《节气系列互动科普剧开发与研究》等论著，参与编著《自然科学博物馆科普讲解理论与实践》《神奇的大自然物种》等教材和科普读物。

内容提要

人类自诩为万物灵长，然而真是如此吗？我们的星球上只有我们这种智慧生命吗？远古的猿如何演化成人，又如何走出非洲、步向全世界、分化成众多亚种？世界各地的人种如何诞生，不同地区的人们如何迁徙、分离、对抗、交流，甚至融合？中华大地上，文明如何起源、族群如何变迁？生活在现代社会的人们能否找回自己家族数千年前的先人？如今，人类起源和迁徙方面还有哪些谜团尚未解开？科学家有没有解谜的思路？……本书综合化石、DNA、考古、语言、历史等多个领域的研究成果，带领读者跨越生命历史和人类文明的长河，探索人类起源与迁徙，特别是中华文明中的族群演化与文明肇始之谜。

目 录

自 序

上个月，北京某馆的馆长来找我，说我们研究的中国人起源的成果特别重要，希望我去他们馆做一个系列讲座。我自然答应了。过了一段时间，他们馆的讲座部主任打电话给我，说讲座内容经他们的专家顾问审核后没有通过，说“中国人非洲起源说”是有问题的，不适合讲。

我非常错愕！对于现代人非洲起源的问题，学者们做了这么多年的深入研究，已完善了许多细节，还孜孜不倦地做了科普宣传，没想到我还会收到这样的回绝。我知道在民众中颇有一批人想法非常顽固而奇特，比如有个网民在微博上写了很多文章骂我，说我的研究结果不对，是造假的，因为与他多次占卜得到的结果不一致。那些人最近又提出了古埃及就是夏朝的观点，到处宣传，还出了书，受众甚广。对于没有受过科学教育、缺乏科学逻辑训练的民众，坚持个人的奇思怪想，也算可以理解，但是“专家顾问”有这样的说法，算几个意思？

其实，科学发展到今天，领域分支实在太多了，没有人能通晓全部领域的知识。作为专家，对自己专业领域的内容是熟悉的，对其他领域的知识可能会生疏，甚至有误解。所以作为专家，特别是受过科学逻辑训练的人，尤其需要谦虚谨慎。但是，恰恰有那么一大批专家，特别热衷于挑战其他科学领域。有一位历史学教授，名气很大，近些年发现遗传学这个领域大有作为，写了很多文章批评基因的社会应用。他说DNA作为法医鉴定是不科学的，可举出的例子又特别经不起分析。不用DNA鉴定身份，不发展更精确更严密的法医鉴定技术，难道还要回复到滴血认亲不成？在法医遗传学界作出有力反驳后，他又改了话题，说“民族”是没有遗传特征的，不能用基因研究，历史群体也不能用基因来分析。这真是太滑稽了！民族固然是以文化来识别的，可他们的基因难道是凭空而来的？他们的孩子都是领养来的？怎么可能！每一个民族群体都在历史长河中占有一个相对稳定的时空区段，体现出明显的文化特色。时空与文化上的稳定性，促成了民族的遗传特征的稳定。虽然不能保证民族之间基因有100%的差异，但这种差异往往是显著的。所以不能用基因来确定某个人是什么民族，但可以用基因来分析群体的民族来源，分析民族之间的亲缘关系。这种民族遗传关系与语言文化的亲缘关系往往是一致的。例如汉族与藏族、满族与蒙古族，都有最近的亲缘关系和文化关联，这显然非常符合逻辑。

一个结果，变成结论，需要符合科学逻辑，那就是支持的证据最多，甚至获得所有可得的证据支持。用最简单的结论，统领最多的证据，这就是科学最基本的原则——“奥卡姆剃刀”原则。如果你的观点在一个角度、一个学科讲得通，却与其他学科的证据产生矛盾，那多半是不成立的。所谓“讲得通”，就是该观点能解释证据，但对相同证据，也是可以有其他不同解释的。如果不明白这一点，就很容易误入伪科学，甚至为自己固执的观点“筛选证据”。反对非洲起源说的一批人可能就是陷入了这一误区中。非洲起源说得到了几乎全部已有证据的支持。遗传基因上、化石形态上、语言文化上，都体现出很明确的非洲起源的格局。而时不时冒出来的“挑战”非洲起源说的证据，往往让人啼笑皆非。有些人连什么是非洲起源说都不明白，拼命找几百万年前的人类化石作为证据。可非洲起源指的是现代人约7万年前走出非洲，取代了欧亚大陆其他古人类。几百万年前的亚洲人类化石怎么能算挑战？有些研究还算有点靠谱，找那些超过7万年的中国现代人化石，虽然不能解释现代人基因的约7万年前走出非洲的结构，但是提出了“反证”。不过，我们已经找到了坚实证据推翻这一材料，很快就会公布。其实别说挑战非洲起源说，就是挑战进化论的也大有人在，可惜都是荒诞无稽的。

即便是宣传“非洲起源”的，也不见得讲得对。有本非常畅销的书——《人类简史》，我也读了一下，讲得特别有道理，但是不少证据是筛选的，无法支持观点。例如，现代人20万年前出现于东非，直到约7万年前才走出非洲，这是为什么？该书作者认为，是现代人之前智商不够高，斗不过非洲之外的尼人（尼安德特人），而7万年前发生了认知革命后，现代人才有智谋打败尼人。这种观点乍一听很有道理，但是，认知的提升必须有相关的基因突变，而科学家深入研究分析以后发现，没有任何相关基因是那时突变的。其实，现代人走出非洲的促因，学界早已非常清楚：大约7.4万年前，印尼苏门答腊岛上的多峇火山大爆发，其当量接近1000座维苏威火山爆发，给全球生物带来了巨大灾难，欧亚大陆的尼人和丹人（丹尼索瓦人）也濒临灭绝，这为现代人走出非洲扫清了道路。哪有什么认知革命？

那么，一本充满问题的书，怎么会成为畅销书呢？很遗憾，伪科学永远比科学更受欢迎。据研究，谎言比真相传播速度快至少6倍。科学往往是生硬的，不以个人的喜好为转移，伪科学则是从个人喜好出发来选证据的，往往说到人心里去了，能不受欢迎吗？就像中国人本地起源说，有人还上纲上线认为是政治问题呢！好像说中国人是外来的就是数典忘祖。殊不知，旧石器时代的原始人迁徙，是很普遍的现象，而且迁徙使人群更快发展。至于民族文化和文明，基本是一万年内发生的，与数万年前的来历无关。100万年前，非洲已经进化出智人，如果我们来自50万年前的猿人（现称直立人），这情何以堪啊！

关于人类起源研究，复旦大学在20世纪20年代就开始进行了。1952年全国大专院校院系调整以后，全国的生物人类学教研力量都集中于复旦大学。在数十年时间里，复旦大学人类学学科为中国的人类学、法医学、解剖学等领域培养了大批中坚力量，取得了很多重要成果，诸如新石器时代人骨的系统分析、元谋猿人的发现、古尸保护技术，等等。1997年，我进入复旦大学人类学实验室参加科研工作，从此走上了用基因追踪人类历史的研究道路。

所关注问题都是由近及远的。我首先关注了自己的群体——上海南郊人群，该人群有着很独特的遗传结构，男性的Y染色体类型中，O1型显著高于其他汉族人群。我追踪这一遗传标志，走遍了南方各省，发现这是被称为侗傣语系和南岛语系民族的特征标志。并发现，分布在台湾岛、东南亚岛屿、太平洋和印度洋各岛上的南岛语系都是从中国大陆起源的。近几年，我们又做了大量古代人骨的基因研究，通过构建遗传结构的时空框架，发现语系及其内部语族的分化，可以与考古文化的更替对应上。江浙一带的马家浜文化在约5900年前结束，分化出南岛语系；之后的崧泽文化在约5300年前结束，分化出侗傣语系卡岱语族，包括仡佬族和黎族；5300~4400年前的良渚文化结束，分化出侗傣语系的壮侗语族，包括壮族、侗族、傣族、老挝人、泰国人等。原来，南方有那么多人是从江浙出去的。

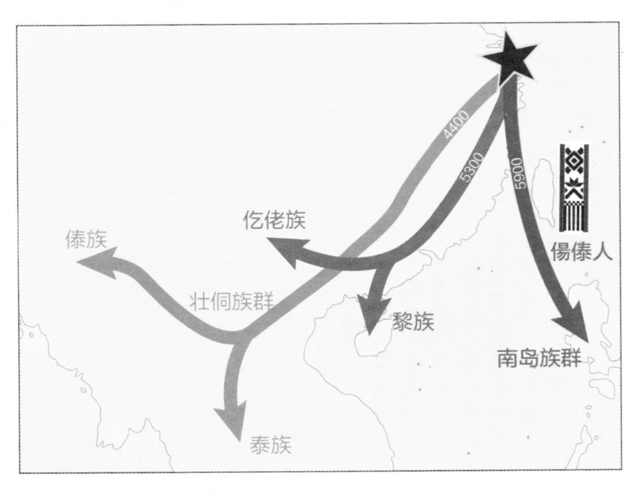

南岛—侗傣族群迁徙路线。图中数字表示迁徙时的距今大致年数。

基因真的可以帮助破解很多历史问题，关键是要把历史问题提炼、转化成科学问题。因此，2010年开始，我和历史学家韩昇教授等合作开辟了一个被称为“历史人类学”的新领域。2016年，《科学》以“复活传奇”为题报道了我们的研究进展，还把我的工作照刊发在正刊上。我们“离经叛道”的研究当然让很多传统的历史学家非常错愕。我们的第一个案例是曹操的血统。曹操的祖父是宦官，那曹操的父亲从哪里来的？曹操的政敌对此有各种污蔑之辞。我们找到了8个曹操后代家族，他们的Y染色体DNA序列与墓葬出土的曹操祖父的弟弟牙齿中的DNA序列吻合，证实曹操的父亲来自其本家。

这是一个很小的研究，但是打开了历史人类学的新篇章，也引起了学界各种反应。有的学者非常支持，有的则顿足大骂，如丧考妣。后者可能觉得自己的领域被侵犯了，饭碗要被抢掉了。其实，在与韩昇教授的合作中，我们发现，历史学与遗传学的作用是互补的，两个领域研究都是不可或缺的，历史学家不但不会丢饭碗，反而有了更多故事可以讲。

我们不仅对曹操的身世感兴趣，也对大禹的身世着迷。文献中说，大禹是越人，就是东南人，又说禹出西羌，是西北人，这不是有矛盾吗？但是我们看到，东南的良渚文化在4400年前终结，西北的齐家文化在4400年前开始，两者有着几乎一样的玉璧、玉琮以及神像。再追踪Y染色体DNA线索，大禹的血统、夏朝的起源，或许就能破解了。不过还有很多人非得质疑甚至否定夏朝的存在，另一批人则把夏朝拉到巴比伦甚至埃及。如果与他们争辩，你可能会觉得智商不在线。

我们的研究还要前行，夏朝不是我们的终点。在Y染色体的精细谱系中，我们发现，现今近半的中国人来自7000~5000年前的三个男人，而且这三人的后代数量是超速扩张的。他们会不会是传说中的三皇？他们的后代是怎么扩张到全国各族中的？我们这几年全国追踪，已经把这三个人及他们很多子孙的陵墓和遗骸找到了。中国起源的传奇，或将复活成为明确的历史，这真让人热血沸腾。

可是我也知道，顿足大骂的人会更多，骂得会更凶。因为我们的证据不支持他们的想法，他们的伪科学伪科普可能很难做了。我可能会把他们从颠倒梦想中吵醒，而有些人是有起床气的。随他们去，科学研究是不会受这种影响的。

科学是不以任何人的意志为转移的。科学家的梦想就是追寻科学的真相，发现科学的规律。那些顽固坚持自己的主观想法，反对客观事实的人，终究会被不断进步的科学抛下。我将继续探索中国人的进化，揭示中华文化的起源。只有真相才是完美的，只有与真相同行才是强大的。希望这本书能带给大众一些真相。

让我们拿起科学的利器，向伪科普宣战吧！

李辉

2019年10月

概念说明

灵长总目 包括啮齿动物和灵长动物。啮齿动物有啮齿目的松鼠、河狸、豪猪、豚鼠和鼠，以及兔形目的兔子。灵长动物有树鼩目的树鼩、皮翼目的鼯猴，以及灵长目的各种猿猴。人类属于灵长目。

灵长目 包括卷鼻亚目和简鼻亚目。卷鼻亚目有狐猴总科和懒猴总科。简鼻亚目有眼镜猴总科、新世界猴总科、旧世界猴总科和人猿总科。人类属于人猿总科。

人猿总科 包括两个科，长臂猿科和人科。人类和猩猩都属于人科。

人科 过去分为猩猩科和人科，猩猩（红猩猩）、大猩猩和黑猩猩三个属归为猩猩科，人类归为人科，但是这种分类缺乏生物学的依据。由于黑猩猩等类人猿与现代人的基因组差异极小，人类与黑猩猩属的遗传距离远小于大猩猩与猩猩的遗传距离，最终猩猩科与人科合并了。根据遗传谱系，人科可以分为猩猩亚科和人亚科，红猩猩属于猩猩亚科，大猩猩、黑猩猩和人类都属于人亚科。人亚科又分为金刚族和人族，大猩猩属于金刚族，而黑猩猩和人类属于人族。所以，我们人类来自猩猩。

人族 源于大约700万年前，早期有图迈人属、千禧人属、发展出黑猩猩属的地猿属，以及发展出傍人属和平脸人属的南猿属。真人属在200多万年前源于平脸人属，是普通意义上的人类。

真人属 该属中，前期演化出树居人、能人、卢道夫人、匠人等物种和亚种，后期从匠人演化出170多万年前的直立人和120多万年前的智人两大物种。各个人类物种之间是有生殖隔离的，即杂交后无法产生有生育能力的后代。

智人物种 该物种演化出多个亚种，包括先驱人、海德堡人，以及由海德堡人分化出的非洲罗得西亚人、西方尼安德特人和东方丹尼索瓦人，最后演化出现代人这一亚种。基于对现代人、尼安德特人、丹尼索瓦人的基因组分析比较，发现他们是在80万~60万年前分化的，所以，属于智人的海德堡人分化以后形成的亚种可以相应分为南方智人、北方智人和东方智人三支。各个亚种之间有生殖障碍，较难产生有效后代。

现代人亚种 属于南方智人，起源于非洲的罗得西亚人，大约20万年前发生了体质变化，在约7万年前走出非洲，扩散到全世界，形成现今的8个地理种，也就是种族。

地理种 相互之间没有生殖隔离，只有体质特征的不同，这是因漫长的旧石器时代的地理隔离并适应不同的地域环境而形成的。8个地理种包括东非草原的布须曼种、中非雨林的俾格米种、西非草原的尼格罗种、环地中海的高加索种、东南亚雨林的尼格利陀种、远东沿海的澳大利亚种、东亚的蒙古利亚种和美洲的亚美利加种。Y染色体的谱系演化与种族的形成是在旧石器时代同步发生的，因此两者有较好的对应关系。

民族类群 这是农业起源以后人群向农业核心聚合的产物。人类从一万多年前开始发明农业，7000年前开始孕育文明，在不同的地区形成文明中心，并演化成考古文化区系。这些区系之间有了文化隔离，所以不同区系的人群既有文化差异也有遗传差异和语言差异，并孕育成今天的民族类群和语系。东亚蒙古利亚种的语系有南亚（孟高棉）、苗瑶、南岛、侗傣、汉藏、阿尔泰（满蒙-突厥-日韩）、叶尼塞（匈羯）、古亚、乌拉尔这9个。语系族群与Y染色体类群和基因组结构有着很好的对应关系。

家族 这是与Y染色体对应关系最明确的人群单位。中国人以家谱追思先祖、铭记血缘关系。同一个家谱中记录的是相同姓氏的家族成员。姓氏多继承自父亲，而Y染色体是严格的父子相传的基因组片段。所以有共同姓氏的男性可能有相同或相近的Y染色体类型。因此,Y染色体可用以研究很多姓氏宗族的历史,甚至千百年前的历史疑案,比如曹操的身世之谜。

导言
探访刚果的倭猿乐园

我正在刚果(金)的倭猿乐园(Lola ya Bonobo),这是首都金沙萨西南郊的一块世外桃源。几座山丘被茂密的丛林覆盖着,流水潺潺,虫鸣鸟啼不绝,不时传来几声倭猿的欢叫。有一面山坡上稀疏地建了几栋平房,那是保育员和科研人员的工作区、生活区。这会儿,没人有空搭理我,十几名科研人员都在实验室中忙着一件这里有史以来没有发生过的事:抢救一个从树上摔下来导致骨折的倭猿——罗马米(Romami)。对于生活在热带丛林中的倭猿来说,从树上摔下来是不可思议的。

罗马米是一个刚成年的男性倭猿,开始进入叛逆的青春期。但是,这个"古惑仔"错生在了倭猿中,他居然打了一个倭猿幼儿。这下,可犯了众怒,他被15个女倭猿群殴,拇指都被打烂了。罗马米拼命逃出来,蹿上15米高的树冠,并从一棵树逃往另一棵树,跳跃,抓住树枝……可是受伤的拇指抓不住树枝,他重重地摔到地上,大腿骨折了。

倭猿的社会就是这样一个“女权主义”盛行的社会，也是一个母系社会，子女一生都与母亲生活在一起。群体成员一起觅食，一起玩乐，非常平和。但若有人想破坏规矩，女猿们决不轻饶。倭猿其实属于黑猩猩属，科学家猜测是刚果河的形成将倭猿和黑猩猩分开的。由于不会游泳，倭猿只生活在刚果河以南、桑库鲁河以北的丛林中。而所有的黑猩猩都分布在刚果河以北，被数条更小的河流分成数个亚种，从东到西分别有长毛黑猩猩、黑脸黑猩猩、尼喀黑猩猩、白脸黑猩猩等。倭猿与黑猩猩在大约120万年前分化，我们智人与东亚的猿人（现称直立人）是在大约170万年前分开的，因此倭猿与黑猩猩的生物学差异大致相当于我们与北京猿人之间的差异。可以想象，现代人与没有鼻尖和额角、只会用简单打制而成的石器的猿人差异是何其巨大！所以，当1933年科学家开始关注倭猿时，他们发现之前的观点错了，这种曾经被叫作倭黑猩猩的

图1　倭猿（左）与黑猩猩（右）有着明显的外形差异。

人猿根本不是黑猩猩，而是一种全新的物种。

倭猿与非洲麒麟(Okapi)一样，是上天赐予刚果的瑰宝。更由于他们的独特社会文化，成了人类学家眼中的珍奇。看看他们的近亲黑猩猩怎么生活：黑猩猩群体都有一个男性“独裁者”首领，所有成员必须听命于首领，受尽欺压。倭猿的社会虽然也有首领，但是大家和平相处，吃饱喝足以后，还亲亲嘴，做做爱。倭猿和人类与其他哺乳动物不一样，其性爱不限于发情期，也大多不以繁殖为目的，而只是为了娱乐。不过最近发现，一些阿拉伯狒狒也有类似的性行为。倭猿的首领非常平易近人。我的朋友、在这里工作的杜克大学海尔(Brian Hare)教授告诉我一个小故事：在野化训练的群体中，巴西归来15年的马克斯(Max)无疑是首领，有一次海尔扔了一个苹果在马克斯脚边，4米外的一个幼猿看到了，而幼猿的妈妈正背着身，这时马克斯默默地走开了，把苹果留给了孩子。他知道，如果他拿起苹果，孩子肯定会尖叫，然后妈妈们就会围攻他。同样的情况下，黑猩猩是绝对不会这么做的。

可能是他们特殊的社会生活方式改变着他们的基因，倭猿的智力比黑猩猩要高很多。除了人类以外现存的7种人科动物中，两种大猩猩的智力最高可以达到4岁人类孩童的水平，3种红猩猩虽然进化史上距离人类比大猩猩距离人类更远，但能达到大约5岁人类孩童的水平，黑猩猩能达到6岁孩童水平，而倭猿居然能达到10岁孩童水平。他们那么聪明，只可惜不会说话。在佐治亚大学，科

图2　作者在倭猿乐园的幼稚园里与倭猿幼儿互动。

学家曾经教倭猿简次(Kanzi)即时生火,简次很快就学会了。在这儿的倭猿乐园里,他们都用人类废弃的矿泉水瓶子装水喝。

倭猿是如此奇妙的动物,海尔开玩笑地用《小飞侠彼得潘》的名字叫他们"潘彼得"(倭猿的拉丁文学名是*Pan paniscus*)。但是,由于刚果(金)东部省份的动乱,可爱的倭猿遭受了池鱼之殃,被大量猎食,数量从20世纪80年代初的10万多减少到现在的不足2万。所以,1994年,来自比利时的倭猿救星克劳汀(Clandine Andre)在金沙萨建立了这个倭猿乐园,解救全世界被捕的倭猿,逐步将其放归家园,并开展教育和科研工作。很多倭猿是克劳汀从荷枪实弹的猎人甚至反对派军队手中抢下来的,大家都敬佩地把这位女英雄叫作"倭猿母亲"。现在,倭猿乐园里生活着70多个倭猿。乐园得到若干公益组织的资助,今年面积翻了一番,可以让倭猿们有更多的山林自由生活。可是乐园也面临着危机,我的朋友,杜克大学的谭竞智告诉我,中国的一些动物园正在与刚果政府协商,希望以"熊猫模式"租借倭猿,把乐园里出生的倭猿送到中国去。但是,倭猿不是熊猫,他们有着自己更多的思想。第二次世界大战时盟军轰炸柏林,动物园里的倭猿全部吓死,神经大条的黑猩猩却没事。竞智他们非常担心,中国的小动物园会让倭猿住在狭小的笼舍中,甚至穿上衣服和游客合影,倭猿会受尽恐惧、孤独和思乡之苦。或许,全世界都应该学学西班牙政府的做法,授予所有的人科动物以三项法律人权,把他们当未成年人看待,至少刚果政府应该如此。倭猿必须生活在家乡。克劳汀的女儿范妮(Fanny)将接管乐园,她有个新的想法,与其让倭猿背井离乡去中国,还不如把中国游客带到刚果的倭猿乐园来。所以她希望在乐园旁边建一座宾馆,可惜还没找到投资者。我想,在这片美丽的热带丛林中近距离接触倭猿和麒麟,对于中国游客来说有着莫大的吸引力。

我应海尔教授的邀请来到这里,是希望开展一项倭猿的遗传学研究,即通过Y染色体DNA分析倭猿的父系谱系,最终精确计算出他们内部有多少年的差异,与黑猩猩是多少年前分开的,与我们人类的祖先是多少年前分开的,还能了解他们的基因有些什么独特的变化使得他们有了较高的智慧。目前,我们只能根据有限的化石证据和DNA数据估计,人类祖先与倭猿祖先是大约500万年前分开的。如果有了更多倭猿的DNA数据,我们就可以计算得更精确,就像我们在人类族群中所做的Y染色体谱系研究那样。

复旦大学的科研团队20多年来一直在做Y染色体的研究,比较全世界不同民族的Y染色体DNA序列差异,把Y染色体分出各种类群(单倍群),计算类群间的年代差异,这样就可以重建人类的自然史。这项工作是金力教授于20世纪90年代初在斯坦福大学的实验室中率先开展的,那个时候只研究了数十人的样本,发现,包括东亚在内的全世界人群都是20万年内起源于东部非洲的,因为非洲人的Y染色体差异最大;东亚人的Y染色体多样性由南向北递减,说明东亚人是从南方来的。1996年我考入复旦大学时,金力教授已经在复旦设立了实验室,开展更详细的Y染色体谱系调查。我是第一批进入金老师实验室的本科生,并一直在这个方向开展研究直到博士毕业。这期间,我们走遍千山万水,收集东亚和东南亚各种民族和部落的DNA样本。在Y染色体DNA中,我们探索来自猩猩的你,解读出了人类的起源和扩散、人种的分化和融合、民族的迁徙与发展、家族的兴盛与衰落……人类对自己的历史了解越多,才能对自己的未来越有把握。

总是有人认为,DNA看不见摸不着,怎么能确定我们的来源?而化石是实实在在从地底下挖出来的,说明我们的祖先生活在这里,才是硬证据。但是,地层中的遗骸是不是我们的祖先,这必须检验DNA才能知道。我家的农田里也挖出过很多古墓,但没有一个是我家的祖先。这是非常简单的逻辑。那么DNA的分析是怎么揭示人类进化历程的?让我们细细梳理一下。

第一章
表示进化的“树”:从古菌到人类

现代生命科学的各个学科都建立在进化论的基础上，进化论及其派生的相关理论，经历了时间和证据的考验，否定进化论，生命科学研究都将失去依据。由此观之，网上经常出现的各种动辄“推翻进化论”的假新闻是多么可笑。大部分反对进化论的人，对进化论的认识基本是错误的，他们会简单地以为进化论就是说所有生物都由简单向复杂变化，而且变化是必然的、单向的。实际上，进化的本质是偶然发生和多向适应。从内因看，进化来自基因组的偶然性突变，所以是随机而无方向的。从外因看，基因突变的结果受到环境的选择，适应环境的才能存活下来，所以适应方式多种多样，并不一定向复杂结构演变。进化的路线是极其偶然的结果，而且是多样化的分化过程。

进化之“树”

大千世界，生命多样而精彩，为了便于认识，古人一直热衷于将生物分类。公元前14~前11世纪的甲骨文中，表示麦、黍等谷物的字中都嵌有“禾”字形，表示桑、柳等树木的字中都有“木”字形，这大概是古人对自然界的初步认识和归类的成果。《尔雅》成书于西汉初期，书中对动植物进行了系统分类，区分出草、木、虫、鱼、鸟、兽、畜等类别。在西方，公元前4世纪，古希腊大学者亚里士多德（Aristotle）也对动植物进行分类，还将动物分为脊椎动物和无脊椎动物。公元前3世纪，亚里士多德的弟子狄奥弗拉斯图（Theophrastos）编撰了著作《植物志》，较细致地记录了对植物生理的研究结果，并对各种植物做了系统的分类。

之后，东西方对生物的分类认识不断发展，也提出各种分类理论。到了15~17世纪，随着地理大发现，大量动植物新品种被发现，并被探险家们带回欧洲。人们惊喜万分、眼花缭乱之余，发现还没有恰当、统一的分类体系和命名方式，因此研究开展并不顺利。1735年，瑞典植物学家林奈（Carl von Linné）在他的《自然系统》一书中，创立了生物分类体系，将生物分成由界、纲、目、属和种组成的等级体系（后来学者在此基础上增加域、门、科等分类单元），他还确立了“双名法”，即用拉丁文，以属名+种加词来命名一个物种。不过，截至那时，对物种的分类，也仅仅是分类，大多数人包括林奈在内，都认为物种是不变的，每一个物种自出现后就一直延续保存。

19世纪初，法国博物学家拉马克（Jean-Baptiste Lamarck）提出生物的进化学说，反对物种不变的理论，认为物种是由低级向高级进化来的，环境变化是物种变化的原因，他将脊椎动物分为鱼类、爬行类、鸟类和哺乳类4个纲，认为这个分类次序就是动物由简单到复杂的进化顺序。1859年，达尔文（Charles Darwin）发表《物种起源》，他集前人之大成，创立了以自然选择为基础的进化理论，认为所有生物来自一个或少数几个共同祖先。在撰写《物种起源》期间，达尔文在笔记上勾画了一个枝丫分叉的树状结构以描述物种间亲缘关系，开创了“进化树”之先河。1866年，德国博物学家海克尔（Ernst Haeckel）在他的《生物普通形态学》中展示了第一棵“生命之树”，这棵“树”展现了从单细胞生物到动物的进化过程与物种之间的亲缘关系：离“树”根部越近，越接近“共同祖先”；两根“树枝”相距得越远，亲缘关系越远。

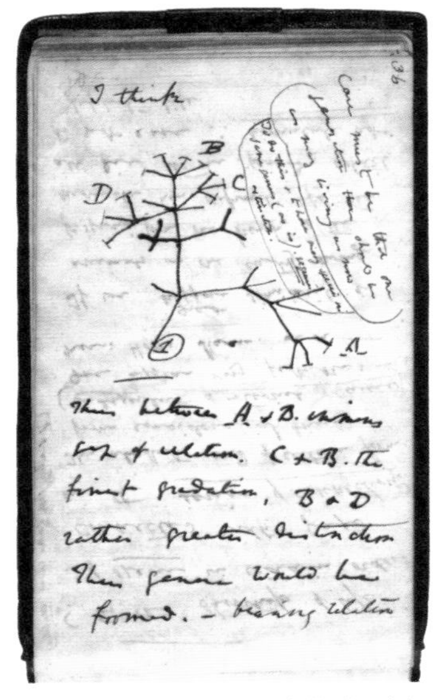

图1.1 达尔文手稿中的进化树。

当然，由于认识所限，海克尔的进化树并不准确，比如，亲缘关系相距很远的生物在相同环境中会“趋同进化”，显示出相似的形态和结构，据此绘制“进化树”，就与事实相去甚远。后来，随着进化生物学的发展，生物学家寻找各种比较标准，例如，比较物种的骨骼，比较它们的蛋白质和基因，等等，以绘制更精确的进化树。进化树的形态也发生变化，但总的来说，“分支”意味着祖先物种进

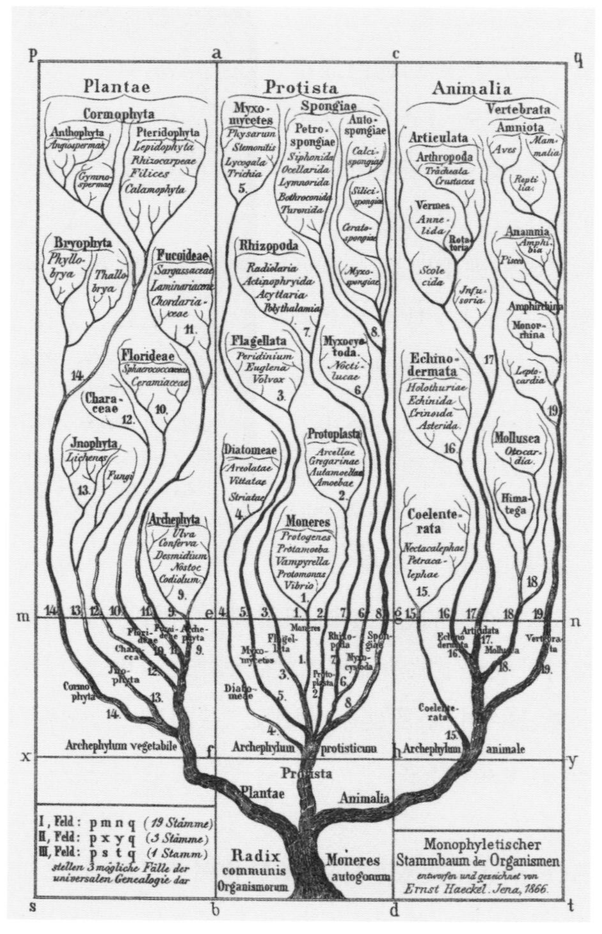

图 1.2　海克尔的“生命之树”。图中的三个大分支从左到右依次为植物、原生生物、动物。

化出了两个物种，每个分支节点代表一个物种，两个分支节点间的最短距离，表示这两物种之间的差异程度（有时用分化年代表示）。

于是,我们可以想象,从生命起源之初至今出现的所有物种,包括现生的物种、曾存在但已灭绝的物种,都能被描绘在一棵巨大无比的进化树中,这棵“树”随着新物种产生、曾经存在过的物种被发现,以及对分类的认识的进步,将不断生长、变化。当研究到达人类进化的“树梢”,即开始探求族群、民族等的出现和演变,就进入了“微进化”的研究领域。与此同时,由于包括所有物种的进化树过于庞大,难以穷尽,因而在研究和解说时,往往会对其作些简化,或者取其中一部分进行近距离观察。下面,我们将观察若干“进化之树”,不断破解人类进化之谜。

第一棵进化树:生命起源

让我们简短地回顾生物进化的大致历程。

地球形成于约46亿年前,经历了剧烈的形态变化。在剧烈的电化学反应中,大量有机物质生成。这些有机物的形成是生命起源的基础。总有很多人相信地球生命是外星起源的。这个说法确实很有趣,很吸引人,但是完全没有依据,也没有必要。因为地球上完全可以独立诞生生命,所以在外星起源的证据出现之前,外星起源说是多余的假说。科学上常说的“奥卡姆剃刀”原理就是“科学排斥多余的假说”。用中国话说就是“大道至简”。只有用最简单的规则来解析最多的现象,才叫作科学。所以外星起源说目前不能纳入科学之中。何况,外星起源说并没有解决生命起源的终极问题:在外星球上,生命又是如何起源的?

到了大约38亿年前,最早的单细胞生命产生了,这些生命被称为古菌。当时地球的环境与现在差异很大,古菌适应当时的环境,因此现在古菌一般只能发现于火山口、矿坑、海底裂缝等地点。细胞的起源是否有必然性,还很难说。原始有机物不断反应,经过数亿年时间,或许总有可能拼接成细胞。古菌与细菌表现相似,其实完全不同,古菌只有最简单的细胞膜而没有细胞壁,细胞膜中的脂类是由醚键连接的,而不是酯键连接。

其后,古菌的基因组不断变异,演化形成了适应性更强的细菌、只能营寄生生活的无细胞生命病毒,以及拥有真正的细胞核的真核单细胞生物。地球生命的一级分类单位——域,就形成了,分为细菌域、古菌域、真核域和病毒域这4个。病毒虽然结构比古菌更简单,但是必须寄生在其他生物中生活,所以不大可能是最早的生命形式,而很可能是退化性适应的结果。细菌也大多不是自养生活的,而是要依靠其他生物生存,所以也不会是最早的生物类群。

真核单细胞生物大约于22亿年前进化成多细胞生物,而后演化成4种多细胞生物:植物、黏菌、动物、真菌。黄大一教授在云南发现了数种有22亿年历史的具有多细胞结构的生物化石,通过分析其中残留的氨基酸结构,确定其是多细胞生物。古生物遗骸中,

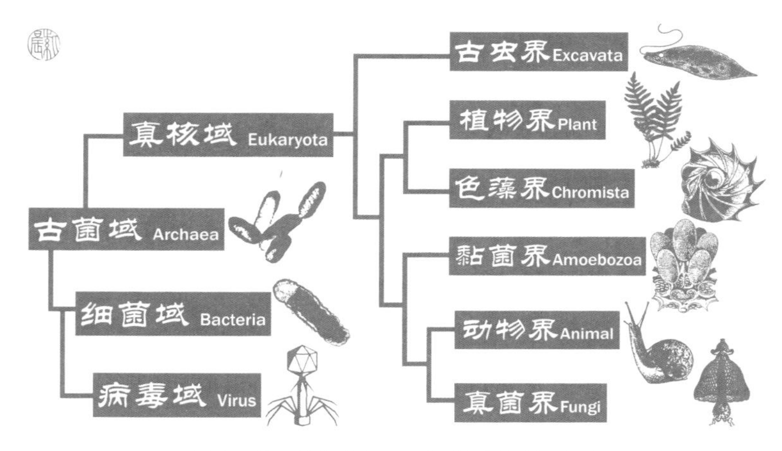

图1.3 第一棵进化树——生命世界进化关系。

遗传物质DNA的保存时间不可能超过100万年，但是氨基酸和小肽分子的保存时间之长可能超出我们的想象，因此可用于分析更古老的化石物种间的进化关系。

整个真核域分出了6个二级分类——界。最早分化出的是鞭毛虫之类单细胞的古虫界。而后分化出两个分支，一个分支是大多能够通过光合作用自养的色藻界和植物界，另一个分支是黏菌界、真菌界和动物界。黏菌也叫变形虫，它们有的时候每个细胞单独游走生活，有的时候又多个细胞聚合成一个整体。真菌是酵母、霉菌、蘑菇、木耳之类。可能很多人难以相信动物和蘑菇最接近，但是从基因组的相似度来看，动物确实与真菌最接近。

第二棵进化树:动物演化

动物从古虫、变形虫演化而来,目前动物界的最原始类型是领鞭毛虫亚界的单细胞动物。其他动物都是多细胞的,属于动物亚界。

动物亚界在古生代早期就已经分化出数十个门,但是随着环境的变迁,很多门的生物因不适应新环境而灭绝了,目前还存在32个门。现存最原始的多细胞动物是海绵门,细胞种类只有个位数,形态结构也很不固定。之后又有了栉水母门和刺胞动物门的水母等旋转对称动物。扁盘门是一个非常奇怪的种类,特别像变形虫,但属于多细胞动物。这类动物最早是在1883年由舒尔策(Franz Schulze)在奥地利格拉茨大学的海洋水族馆里发现的。标本采自亚得里亚海,当时定名为丝盘虫。在水母之后,普遍出现了两侧对称动物。

两侧对称动物分成两个分支:前口动物和后口动物。胚胎发育初期先出现口腔孔的叫作前口动物。大多数无脊椎动物属于前口动物。先出现肛门孔的叫作后口动物。海星之类的棘皮动物、柱头虫之类的半索动物,以及我们人类所属的脊索动物,就是后口动物。这两个演化方向是早期分化中的成功分支,其中还有大量分支方向。从进化到更复杂的方向而言,前口动物中又有节肢动物和软体动物两个方向。前口动物和后口动物中分别有两类动物进化出复杂的大脑:后口动物中脊索动物门的脊椎动

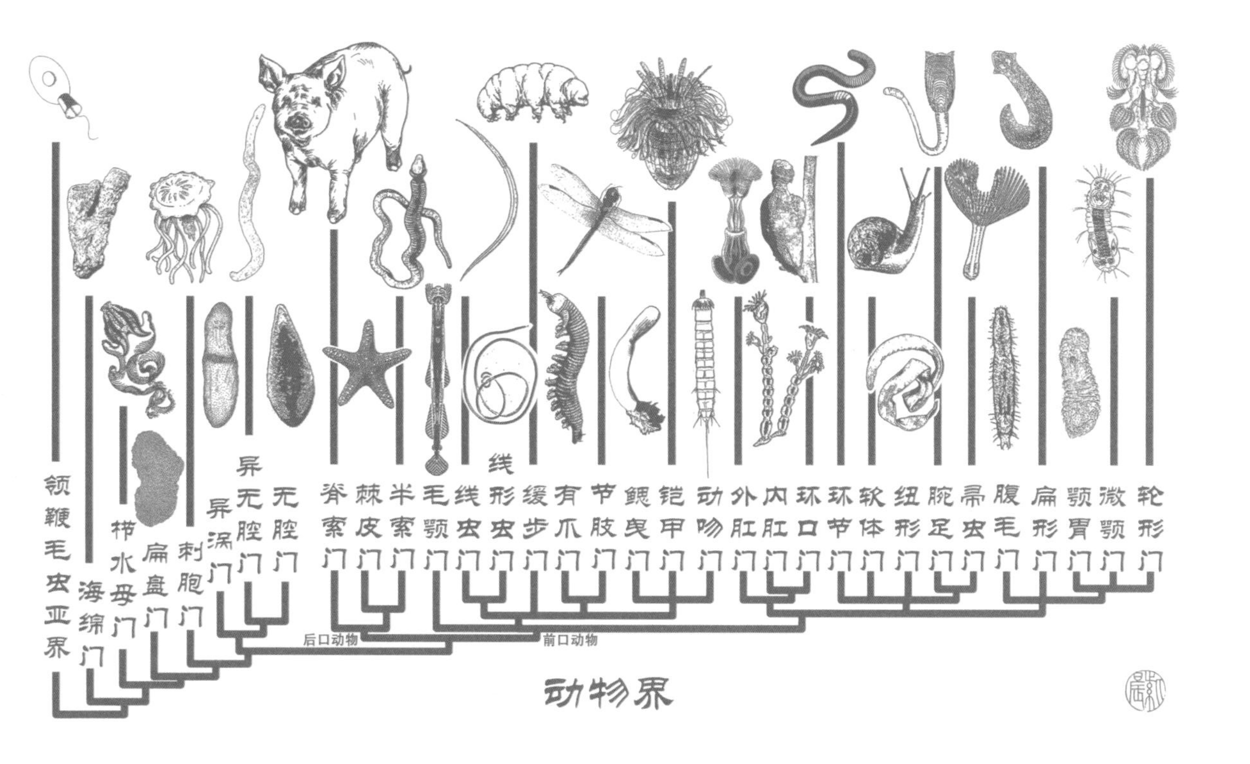

图1.4 第二棵进化树——动物界进化关系。

物，前口动物中软体动物门的头足动物，人和章鱼分别是其中最典型的。

第三棵进化树：从鱼到人

我们人类的骨骼中，最核心的是脊柱，撑起了我们身体的主干。脊柱由33块椎骨连接而成，使脊柱可以自由弯曲，称为脊椎。除了人类，其他兽类、鸟类、爬行类、两栖类、鱼类也都有脊椎，脊椎里面有软性的脊索。有些动物有脊索，但没有椎骨。这些动物都归属于脊索动物门。

脊索动物门分为头索亚门（如文昌鱼）、尾索亚门（如海鞘）、脊椎亚门。脊椎动物中，终生用鳃呼吸的统称为鱼类。其实鱼类可以分成很多纲，在古生代早期就纷纷演化形成了，包括盲鳗、甲胄鱼（现存七鳃鳗）、盾皮鱼（已灭绝）、软骨鱼（鲨和鳐）、棘鱼（已灭绝）、辐鳍鱼（大部分鱼类）、肉鳍鱼（总鳍鱼和肺鱼）。肉鳍鱼在泥盆纪演化，分出了四足动物。最早的四足动物为两栖类，在石炭纪末期演化出爬行类和兽类。爬行类分出鳞龙与羽龙两大类，龟、蛇、蜥蜴、鳄等动物属于鳞龙类，翼龙、恐龙与现存的鸟类都属于羽龙类。人属于兽类中的哺乳动物。

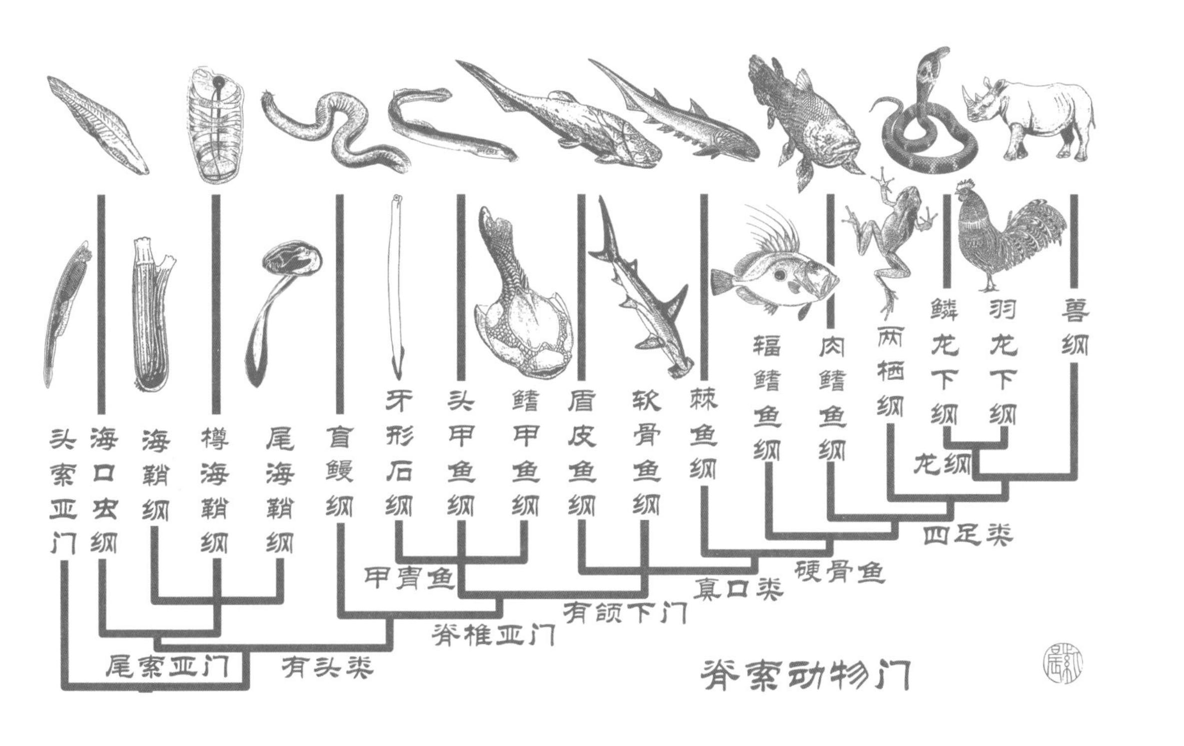

图1.5　第三棵进化树——脊索动物门进化关系。

第四棵进化树:禽兽之间

兽类的祖先在古生代就从迷齿类两栖动物中演化出来了,因为头骨上有固定的颧弓,所以被称为合弓动物。最早的兽类是盘龙目,生活于古生代石炭纪末期到二叠纪末期。盘龙背上有折扇状背页,可收缩以调节体温。第二种是兽孔目,二叠纪前期出现,一直生活到中生代,最有名的是中生代三叠纪的水龙兽。三叠纪的时候,兽孔目中的犬齿兽类就演化出哺乳类。早期的兽类有没有哺乳的功能,目前还没法考证。

中生代,禽类(恐龙等)统治地球以后,兽类大多只能昼伏夜出,躲藏在地洞或树丛中,形体变得很小。所以,现存兽类各类群中的原始种类都长得像老鼠一样,比如负鼠、袋鼹、象鼩、树鼩、鼩鼱等。直到6500万年前恐龙灭绝,地球进入新生代,兽类才成为主角,繁盛起来。

现存的兽类分为卵生的原兽(鸭嘴兽和针鼹)、后兽(有袋类)、真兽。后兽分为美洲有袋总目和澳洲有袋总目。美洲的有袋动物除了微兽目(南猊)属于澳洲有袋总目,其余的负鼠目和鼩负鼠目属于美洲有袋总目。在澳大利亚的有袋动物都属于澳洲有袋总目,分为袋鼹目、袋鼬目、袋狸目和袋鼠目。真兽又分4个总目。非洲兽总目大部分分布在非洲,只有大象和海牛走出了非洲。贫齿总目都分布在美洲,有犰狳等有甲目和食蚁兽、树懒等披毛目。劳

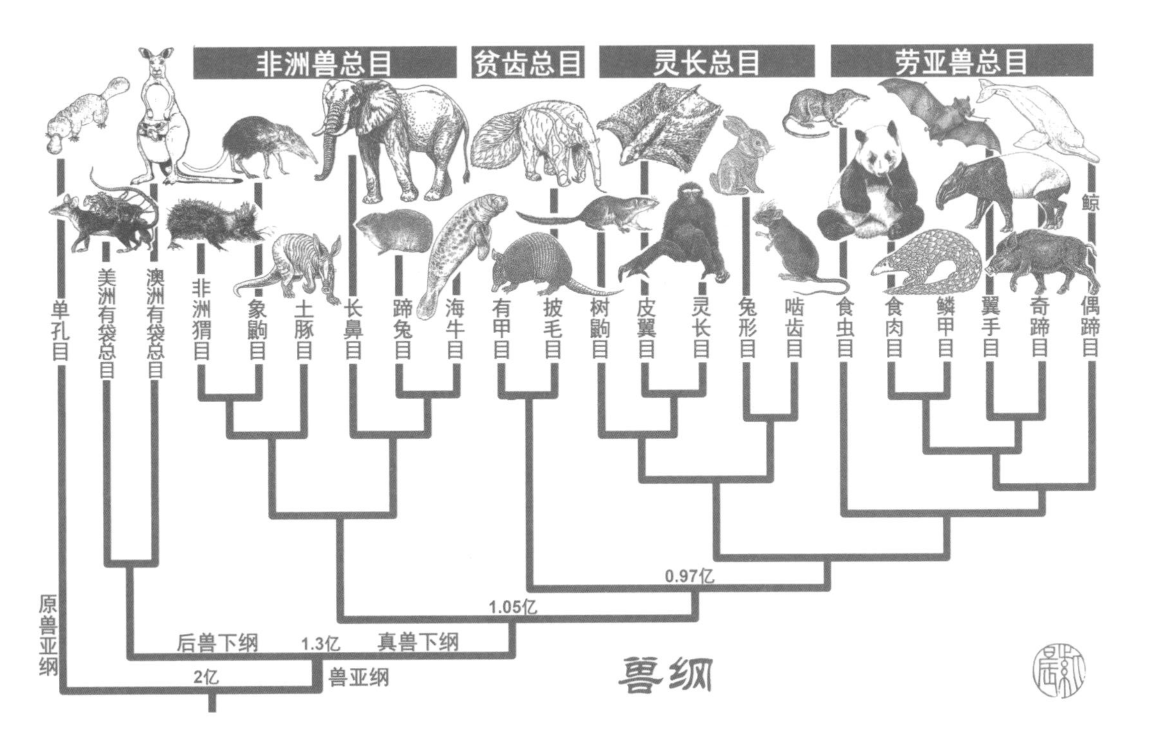

图1.6 第四棵进化树——兽纲动物进化关系。图中数字表示距今年数。

亚兽总目是大陆分裂时在劳亚古陆上形成的，最早的食虫目现有鼩鼱和刺猬两类，偶蹄目有驼、鹿、牛、羊、猪、海豚、鲸等，奇蹄目有貘、马、犀等，翼手目有蝙蝠，鳞甲目有穿山甲，食肉目有犬、熊、猫、鼬、海豹等。灵长总目分为啮齿动物兔类和鼠类、灵长动物猿猴类。

第五棵进化树：万物灵长

灵长动物从最原始的树鼩开始，就有了指纹这一最明显的独特标志。指纹是一种触觉感官，可能刺激了生物大脑中部区域的进化。我在读本科的时候，对指纹这一表型性状特别感兴趣，花了很多时间研究指纹的进化和遗传规律，甚至在动物园中翻看每一只猴子的“手相”。其实，指纹这样的细密条纹，一般遍布灵长动物的手足掌面，整体被称为肤纹。只有最原始的树鼩的肤纹没有覆盖整个掌面，而是出现于手指尖、指节和手指基部球区。肤纹的花样复杂程度又与这一区域的使用频率、触觉的需求程度等有关。猴子的指纹几乎都是罗纹，猩猩的指纹则箕纹为多，人类的指纹多样性最高。小小的肤纹中藏着大大的奥妙。

现存的原始灵长动物——树鼩目和皮翼目，都生活在东南亚。皮翼目的鼯猴发展出滑翔的能力。恐龙灭绝以后，灵长目兴盛起来，分化出卷鼻亚目和简鼻亚目。卷鼻亚目中只有狐猴和懒

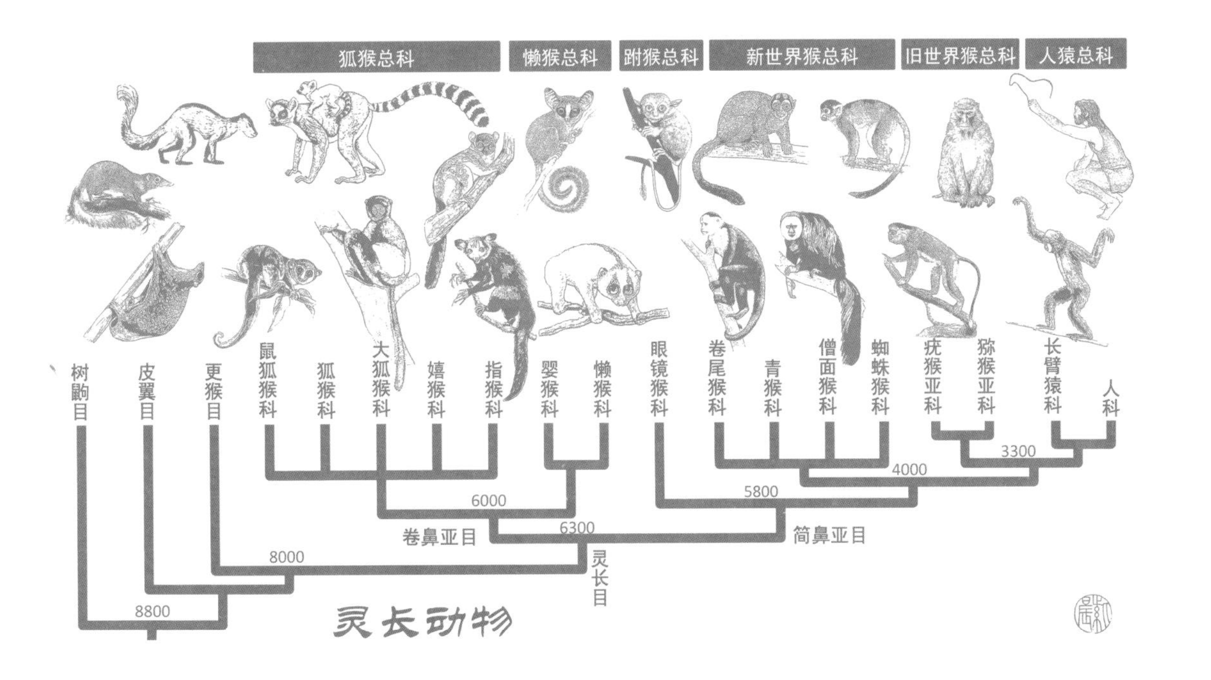

图1.7 第五棵进化树——灵长目动物进化关系。图中数字表示距今万年数。

猴两个总科。狐猴只分布在马达加斯加岛上,是岛上除人以外唯一的灵长类。懒猴分布在沿印度洋的非洲与亚洲森林中。狐猴和懒猴分化于约6000万年前,正是马达加斯加岛与非洲大陆分裂的年代。

简鼻亚目最原始的是跗猴总科,形态略似懒猴,分布于东南亚岛屿森林。新世界猴总科是美洲的猴类,保留了比欧亚非的旧世界猴总科更多的原始特征。最明显的外在差异在于新世界猴尾部能卷曲,有的甚至发达到可以卷挂在树枝上,而旧世界猴的尾部不能卷曲,只会甩动。两者在4000多万年前分化。所以我们经常在动画片中看到猴子用尾巴倒挂在树上,那可能是巴西的猴子,而不会是中国的猴子。

约3300万年前,从旧世界猴中演化出了最早的猿类——原康修猿,它们的尾巴萎缩消失了。2000多万年前,猿类演化成两个分支:小猿——长臂猿科;大猿——人科。

第六棵进化树:人类近亲

人科最早的一个类型叫作森林古猿亚科,与小猿一样在森林中树栖,但是食性与生活方式更多样化,渐渐演化成各种形态。

约1600万年前，人科动物分化成了东方的猩猩亚科与西方的人亚科。猩猩亚科适应亚洲南部的雨林环境。而人亚科更适应非洲多变的草原与森林环境。所以1000多万年前中国南方的很多人科成员化石都属于猩猩亚科，而不会是人类的祖先。由于突变和正选择的原因，猩猩亚科的物种两性之间体积差异较大，成年男性个头远大于女性，使得男性体力有压倒性优势，其性行为无需与女性协商，因此没有了群居的基础。而人亚科的两性差异不大，所以其中各物种基本是群居的。群居是形成复杂社会行为的基础。

猩猩亚科中出现了著名的西瓦古猿、禄丰古猿，以及人科中的庞然大物——巨猿。巨猿曾经与直立人长期共存，在中国南方和东南亚的丛林中活动。在广西、云南、西藏的洞穴沉积物中经常发现巨猿的牙齿。西藏地区那时候还没有隆起到今天这么高，还适合巨猿生活。古人看到西藏洞穴中的巨猿牙齿，演绎出了“雪人”的传说。最大的巨猿种类中，女性可以长到3米高，男性可以长到5米高，身高差这样大，显然也没有了共同生活的“感情”基础。

人亚科在大约1000万年前分化成了金刚族的大猩猩类，以及人族动物。人族在约500万年前分化，分别向人类与黑猩猩发展。这一类群都是群居生活的，大部分都是父系群体结构，除了倭猿。

现存的人科动物过去一直分为7个物种：苏门答腊岛北部（多峇湖以北）的长毛猩猩、苏门答腊岛中南部和婆罗洲的短毛猩猩、

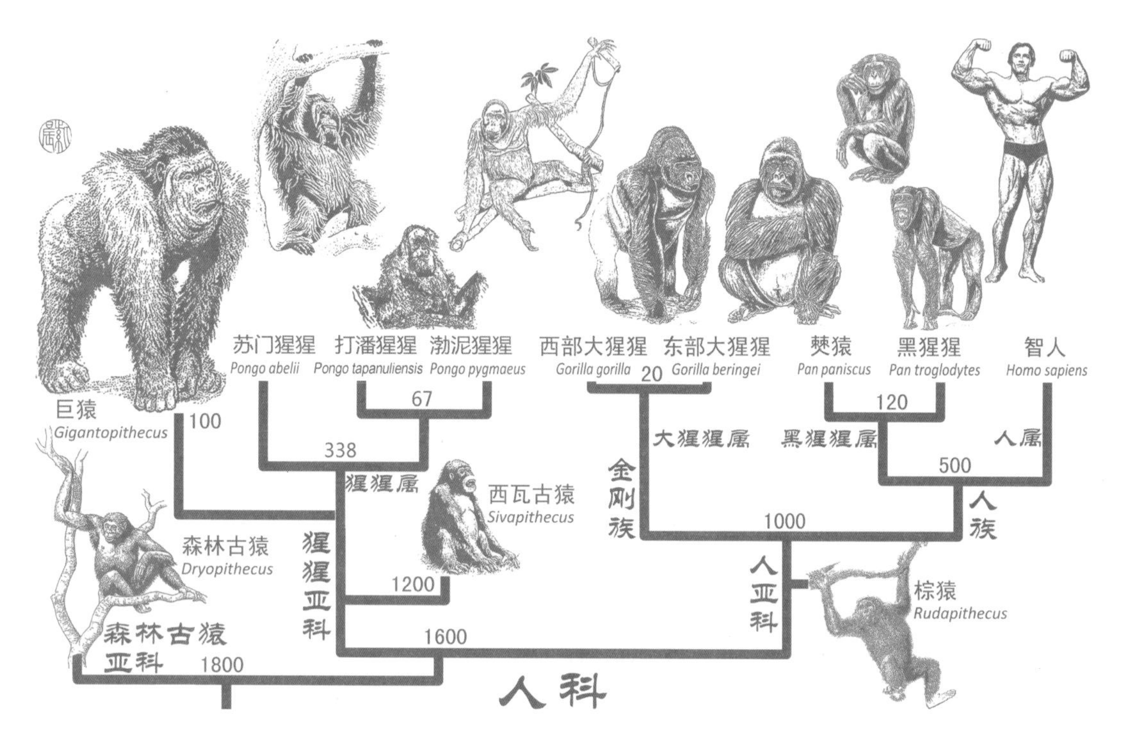

图1.8 第六棵进化树——人科动物进化关系。图中数字表示距今万年数。

刚果河东的东部大猩猩、刚果河西北的西部大猩猩、刚果河河套之外的黑猩猩、刚果河河套之内的倭猿，以及我们人类。但是2019年的研究认为，苏门答腊的短毛猩猩和婆罗洲的短毛猩猩应该算不同的物种。所以，人科动物有8个成员。

人科动物都有很高的智商，倭猿甚至可以达到人类10岁儿童的平均智商水平。如导言中所描述的，倭猿展现出非常特别的行为模式和社会结构，与人类非常接近。

第二章
分子钟:以DNA计时

自达尔文以“树”的形式表示进化关系后,科学家就致力于构建类似的进化树。不过,在很长时间里,构建进化树以生物的外表特征为依据,而外表特征、生理特征同与不同,学者们结论各异,所绘制的进化树也模样各异。人类进化树也不例外。早期对于人类进化的研究,是以骨骼化石等考古信息作为依据的。后来,出现了以蛋白质差异作为参考。随着遗传学的发展,人们发现,DNA作为遗传物质,能将物种发生的变化一代一代传递下去,正适合用以追溯物种间的亲缘关系、绘制进化树。

DNA、染色体和线粒体

首先我们来简单回顾一下生物学知识。细胞是生命活动的基本单位,细胞中的遗传物质是DNA。1953年,沃森(James Watson)和克里克(Francis Crick)发现了DNA双螺旋结构,这是20世纪最伟大的科学发现之一,由此生物学研究进入分子阶段。

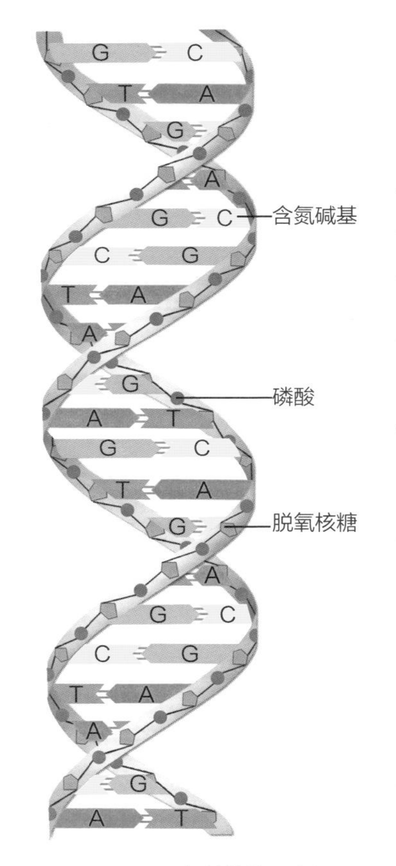

图2.1 DNA双螺旋结构示意图。

脱氧核糖核酸,也就是我们常说的DNA,是一种由脱氧核苷酸组成的大分子双螺旋链。每个脱氧核苷酸由磷酸、脱氧核糖和含氮碱基组成,含氮碱基有A、T、C、G四种(因此脱氧核苷酸也对应有A、T、C、G四种)。脱氧核苷酸连接成很长的"单链",两条单链按碱基互补配对原则,即A与T配对、C与G配对,通过氢键结合成双链,缠绕成螺旋。

碱基/脱氧核苷酸的排列顺序就是DNA所携带的遗传信息。例如,ATGCGT与ATGCAG包含的遗传信息相似,但略有不同,ATGCGT与GTAAGC的差异明显就大了。(DNA有两条链,根据碱基互补配对原则,一条单链的碱基序列确定了,另一条单链的碱基序列也确定了。因此总的来说,我们只要知道其中一条单链的碱基序列就好。)6个字母尚且能构成差异如此大的信息,那如果字母成千上万、上百万甚至上亿呢?看上去简单的排序,却能蕴含海量的信息,这就是DNA的奇妙之处。生物体中的全部DNA(或

RNA),我们称为“基因组”,记录着该生物体的所有遗传信息,是生命的“天书”。基因组中的遗传信息经细胞中的“解码”过程,表达出构成身体的蛋白质等物质,释放生命活动相关的所有指令。

DNA序列并非永恒不变,DNA在复制传代过程中会发生随机“突变”,即一种碱基变为另一种碱基。有时DNA突变会导致蛋白质产物变化甚至生物体可见性状发生变化,这些变化会经自然选择,决定其是否因有利于物种生存繁衍而流传下去。DNA不定向的、多种多样的突变,在自然选择压力下经过长时间积累,演化出丰富多彩的生命世界。

对不同物种而言,生命天书有长有短。目前所知,人和黑猩猩基因组所有DNA共含约30亿碱基对;小鼠有约26亿碱基对,酵母有约0.12亿碱基对,大肠杆菌仅有460万,乙肝病毒只有3200。物种差异越大、亲缘关系越远,DNA序列差异越大。某两个物种由共同祖先进化至今天的过程中,某个基因或某段DNA序列各自积累突变,考察其差异,就可以估算这两个物种分异的时间。这就是以DNA构建进化树的基础。

在真核生物的细胞里,DNA以两种方式存在。

一种叫染色体。染色体的空间结构极其复杂,由DNA长链绕成的双螺旋,是一级缠绕。双螺旋缠绕在组蛋白上,形成第二级缠

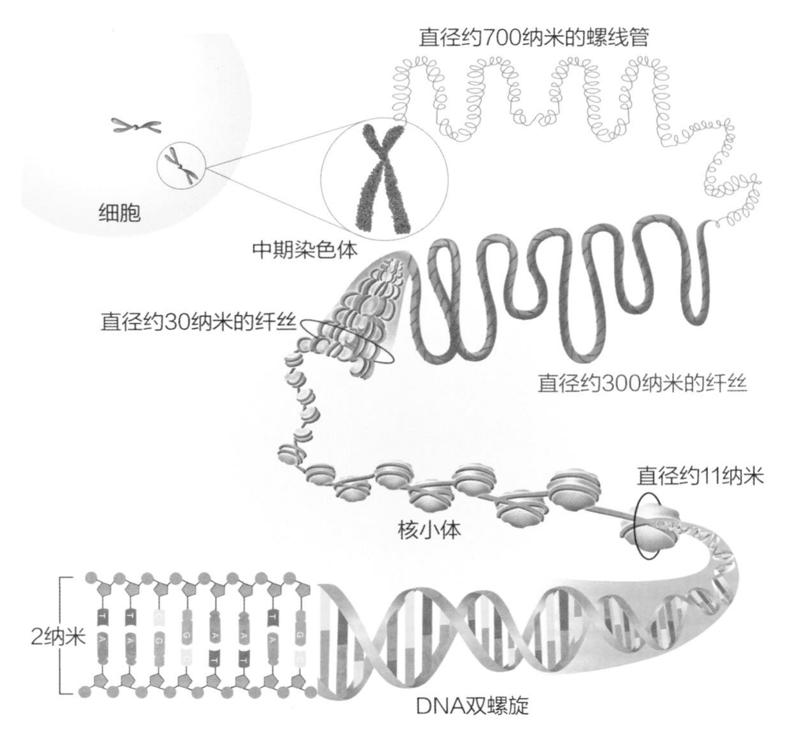

图2.2　DNA折叠模式图。

绕。缠绕完以后，再进行一次螺旋，成为三级缠绕。之后再进行一次螺旋，最后扭曲成一团，形成染色体。所以染色体有着高度缠绕、高度浓缩的复杂的分子结构。在细胞里面，DNA折叠成染色体后，长度被压缩到原来的八千分之一到一万分之一。

不同物种的染色体数目可能不同，但同一个物种染色体数目是固定的。人以及许多生物的染色体是成对存在的，也就是基本上每个基因、每条DNA序列有2份“拷贝”。人有23对染色体，包括

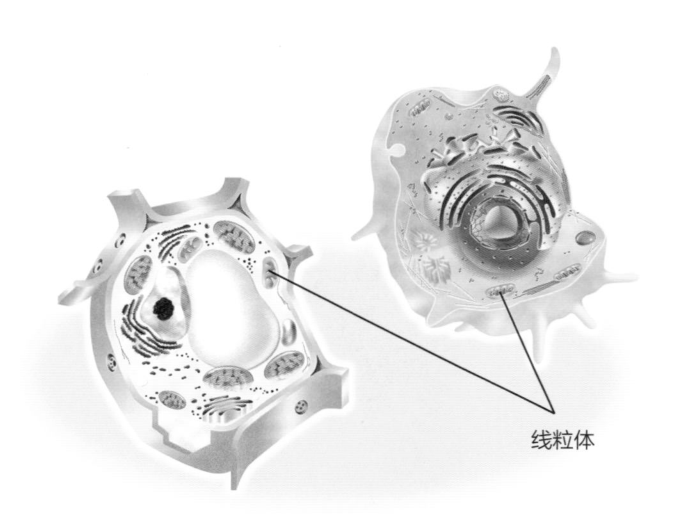

图2.3 植物细胞（左）和动物细胞（右）中的线粒体模式图。

22对常染色体，以及一对性染色体，女性性染色体为XX，男性性染色体为XY。

另外一种DNA存在于线粒体中。线粒体是游离在细胞质中的细胞器，功能是为细胞活动提供能量，它有自己的DNA，它的DNA形成一个环。一个细胞中有多个线粒体，每个线粒体中又有几条甚至多条DNA环，因此线粒体DNA拷贝数非常高。

整个人类基因组有约30亿个碱基对，组合成23对染色体和一个线粒体，线粒体有1.6万个碱基对。人与人之间DNA编码有差异的部分在整个基因组中所占比例非常小，但加起来总量非常大，所以造成了人与人之间的巨大差异，当然人科现存的物种，例如，现代人和黑猩猩，两者之间的差异更大。

“线粒体夏娃”与“Y染色体亚当”

染色体DNA和线粒体DNA都被用于研究人类起源与演化，其原理是，如果某个祖先DNA序列发生突变，例如原先是A的碱基由于某种原因变为其他三种碱基中的一种，其后代中就会保留这一变化，如果能找到一些不同的个体，他们中都有某个相同的突变类型，我们就有理由推测他们有共同的祖先。但由于染色体DNA和线粒体DNA遗传方式不同，应用也不同。

在有性生殖过程中，父亲一方贡献精子，母亲一方贡献卵子。形成精子和卵子时，成对的染色体分开，只有一半染色体进入精子或卵子，当精子和卵子结合形成受精卵，染色体数目恢复到跟体细胞相同。对于人而言，精子和卵子中都只有23条染色体，而受精卵和体细胞中有23对染色体，每对染色体中一条来自父亲，一条来自母亲。

对于常染色体来说，它们传给下一代的时候，成对染色体对应的区段会随机地进行交换，造成混血的效应，就是遗传学上说的重组。重组后形成一条新染色体，再传给后代。常染色体DNA是双系遗传的，同时来自父母双方。女性性染色体为XX，也是成对的，分别来自父母双方，所以也不能避免混血的影响。

女性提供的卵子携带的都是X性染色体。男性体内的性染色体，X染色体来自母亲，Y染色体来自父亲，形成的精子有两种类型，一种带X染色体，一种带Y染色体。因此，男性的Y染色体肯定来自父亲，并且只传给儿子。简言之，Y染色体DNA是父系遗传的。

线粒体DNA则是母系遗传的。虽然精子和卵子都有线粒体，但精子的线粒体集中在精子尾部，授精时，精子头部物质进入卵子，尾部被丢弃，于是父亲的线粒体无法进入卵子。因此，后代的线粒体仅来自母亲的卵子，只有极其罕见的情况下，父亲的线粒体才遗传给后代。

如图2.4所示，在一个家系中，由于常染色体以及X染色体的重组，即混血效应，数代之后，某个“祖先”的DNA序列的特色在后代中就消失了，DNA序列在传代过程中发生的突变是无法保存下来的。反过来说，以后代去追溯某个“祖先”就变得不可能。

而Y染色体DNA和线粒体DNA遗传线路稳定，不管多少代，我们都可一直往前推，追溯某位男性的父亲的父亲的父亲的父亲……，或者寻找某位女性的母亲的母亲的母亲……。对两者而言，一代一代发生的突变，能流传下来，成为变迁的证据。

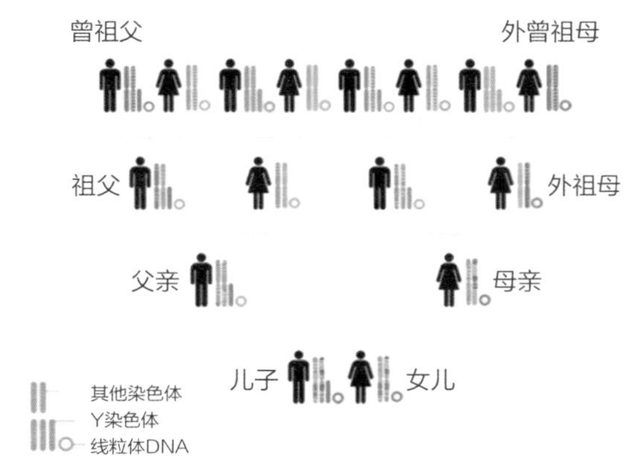

图2.4 DNA遗传方式。某个家系，长棒表示成对存在的常染色体及X染色体，短棒表示Y染色体，圈表示线粒体DNA。曾祖辈的8个人用8种不同颜色表示。曾祖父母生下的祖父，常染色体一半传自曾祖父，一半传自曾祖母，Y染色体传自曾祖父，线粒体DNA传自曾祖母。外曾祖父母生下的外祖母，常染色体一半传自外曾祖父，一半传自外曾祖母，线粒体DNA传自外曾祖母。在最后这代，常染色体（以及X染色体）花花绿绿，曾祖辈8个人的DNA序列类型都在其中出现；家族中男性Y染色体都来自父系，即曾祖父—祖父—父—子；女性的线粒体都来自母系，即外曾祖母—外祖母—母亲—女儿。

科学家曾对世界不同地区和民族的女性开展线粒体DNA分析，寻找女性先祖。1987年，美国科学家威尔逊（Allan Wilson）等人在《自然》上发表论文，称"所有的线粒体DNA都来自一个女人"。那是大约15万年前来自非洲的某位女性，不妨称之为"夏娃"。

同样，我们也能从Y染色体追溯第一个男性先祖——"亚当"。

当然，所谓"亚当"和"夏娃"，并非特定的某个人，而是共同祖先这一概念。

稳定中变化着的Y染色体

用Y染色体追溯男性先祖,是科学家常用的手段。但这里存在一个问题,Y染色体与X染色体之间是否会发生重组?要回答这个问题,必须先了解Y染色体的结构。人类Y染色体DNA大约包含6000万个碱基对,其中染色体两端的5%为拟常染色体区域,在传代过程中与X染色体相应区段会发生重组,而主干部分的95%为非重组区域,不与任何染色体发生重组(图2.5)。所以,Y染色体主干部分的此特性,保证了子代能完整地继承父代的Y染色体主干而不受混血影响,保证了Y染色体主干的严格父系遗传。这是一条不能篡改的基因家谱。

在一代一代的父子相承的传递过程中,Y染色体也在慢慢地积累着变化。正是因为遗传突变的积累,使得人类父系遗传体系中,亲缘关系距离越远的个体的Y染色体差异也越大。Y染色体上的突变形成的个体差异主要有两大类:单核苷酸多态(SNP)和短串联重复(STR)。

SNP是DNA序列上仅仅一个位置上的碱基类型变化。Y染色体上的同一个SNP位点在人群中一般只有两种类型,要么是A-T,

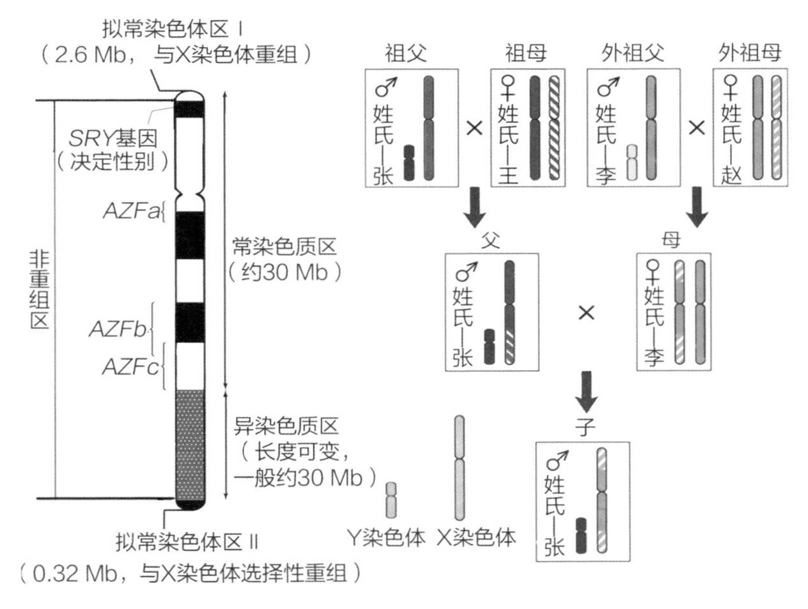

图2.5　人类Y染色体结构及其遗传模式。

要么是G-C。就像货车，虽然同一个型号的货车长度、形状都一样，但只要在车厢上刷上不同的图案，就能一眼区分开（图2.6上图）。STR是指，在染色体的特定区段，几个碱基组成一个单位，该单位重复出现。不同人的Y染色体上的同一个STR位置，某个单位往往有不同的重复次数（称为拷贝数）。就像数列火车，有不同的车皮数，但每节车皮都是一样的。某列火车可以装10节车皮，也可以装12节车皮，这就构成了重复数差异。如图2.6所示，4个核苷酸组成的“gtat”是重复单位，拷贝数因人而异。SNP和STR由于突变性质和突变速度不同，在分析中有着不同的用途。

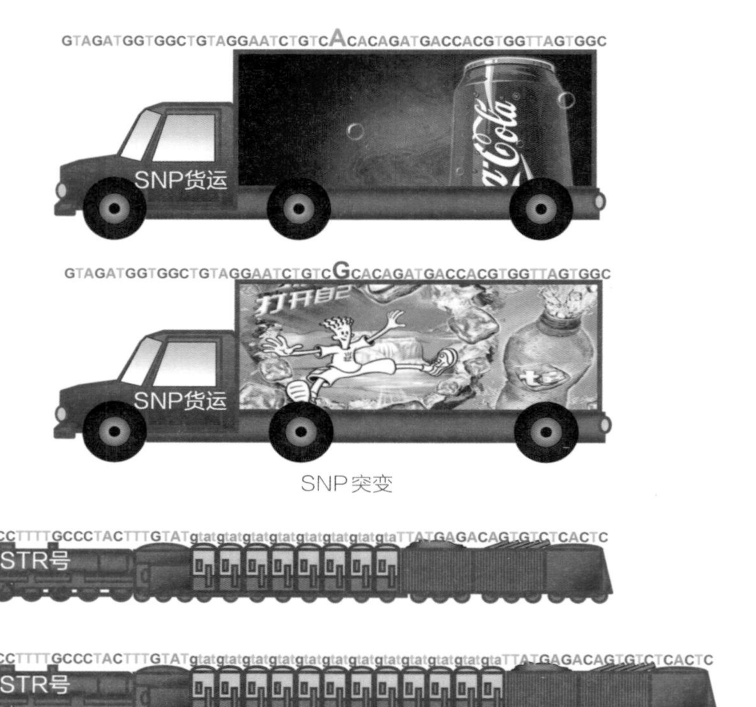

图2.6 单核苷酸多态(SNP)和短串联重复(STR)突变类型区别。

要确立父系遗传体系，最重要的前提是祖先的突变能稳定地保留在后代的Y染色体上。SNP突变因为突变速率极低，可以做到在后代中永久地保留，后代只能在祖先的突变基础上积累新的突变，而不会丢失祖先的突变特征。通过比较人类与黑猩猩的Y染色体的差异，以及大的家系中Y染色体的差异程度，Y染色体上的SNP突变的速率可计算出来。每出生一个男子，一个染色体位置上发生SNP突变的概率大约为三千万分之一。实际上由于Y常染色质区(图2.5)的保守性,以及人类历史上大量男子都没有男性后代保留至今的事实,实际的群体中突变率应该低几个数量级。而我们通常研究的是Y染色体非重组区含大约3000万个碱基对的常染色质区,按照每个碱基对三千万分之一的突变率,这个区段内每个男子平均都会有一个新的突变。

图2.7中,这个祖先有个突变,我们画个五角星,一种颜色代表一种类型的突变,那么他所有的后代都会带有这个突变,不会丢失,这是第一种类型。然后,他的某一个后代里面突然出现了第二种类型的突变,这个突变在其后的后代里面也会永远传下去,永远不会丢,就形成了第二种类型。这个类型在后代中又产生了一个突变的话,就形成了第三种类型,第三种类型是第二种类型的亚型。这种Y染色体型就这样一个一个分下去,形成了不同的型。比如,我们把图2.7中只有绿色突变的类型叫作1型,它下面出现的第二种类型就叫作1a型,即1型的a亚型。然后1a又产生了一个亚型1a1型,即1型中a亚型的第一个小亚型……就不断这样分下去。所以我们知道1a1型是1型的后代型。这是很明确的一个谱系分析。还有1b型,是另外一个完全不同的突变。所以不同的分支上面的后代,他们的突变谱序就完全不同,也形成了完全不同的亚型。亚型与亚型之间又有远近关系,1a与1a1型之间的差距肯定比1a与1b型之间的差距小。这就是后代与祖先的关系:祖先的信息传给后代,接着后代在祖先的信息基础上不断追加新信息。因此,我们可以通过多个分支的后代的类型追溯祖先的类型。

这里存在一个问题:新的突变会随机地出现在Y常染色质区的任意一个位点上(即某个碱基突变),如果这个突变了的位点上再发生一次突变,那么这个突变就在后代中丢失了,我们也就无法通过后代确定其祖先的Y染色体突变谱。理论上虽如此,但同一个位点上先后发生两次突变的概率,按照概率计算方法就是三千万分之一的平方,也就是九百万亿分之一,相对于人类自古以来的人口,这个概率近似于零。因此我们可以说,绝大多数情况下,祖先的Y染色体上出现的SNP突变特征在后代中都能够找到,而后代只能在祖先Y染色体突变谱的基础上增加新的突变(图2.7)。

由多个SNP突变构成的一种突变系列组合被称为一种单倍

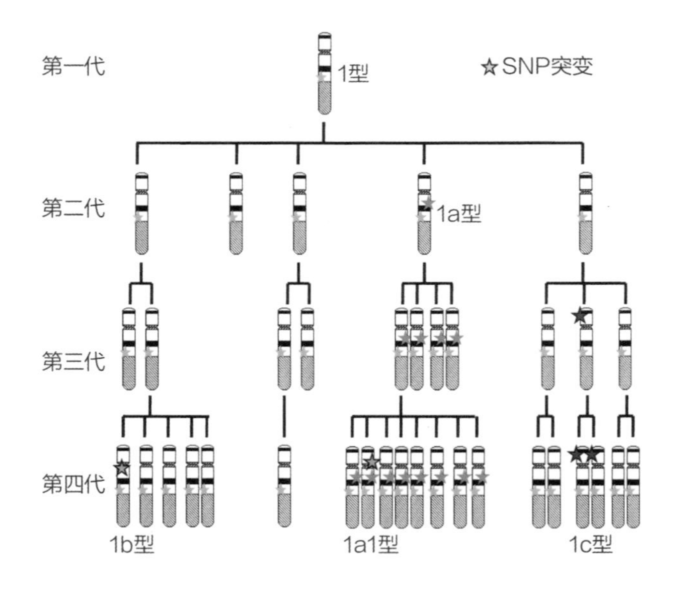

图2.7 Y染色体突变谱可以构成单倍型的原理。

型。例如图2.7中就有5个SNP突变，陆续构成5种单倍型。其中1型是其他单倍型的祖先型，其他单倍型都是后代型。祖先型与所有后代型合称为一个单倍群。一个家族的所有Y染色体理论上都属于一个单倍群，因为其中所有的男性都应该来自同一个祖先。

当然，单倍群的概念可大可小。大而言之，全世界的Y染色体都属于一种单倍群，都来自20多万年前的一个东非晚期智人男子。进而，全世界又可以分为20种主干单倍群，编号从A到T。最古老的A和B单倍群都没有走出非洲；C和D单倍群最早来到了大洋洲和亚洲；E单倍群来到了亚洲又回到非洲，F单倍群衍生出G、H、I、J等单倍群在西方形成欧罗巴人种，衍生出K单倍群并形成N、O、P、Q等单倍群在东方形成蒙古利亚人种，其中O单倍群成了中国人的主流，而Q单倍群成为美洲印第安人的主流。所以Y染色体的谱系构建出了全人类的一部大家谱。

Y染色体上的时钟

利用Y染色体上稳定遗传的SNP，我们可以构建出个体或家族之间明确的遗传渊源。而且，既然SNP有稳定的突变速率，当我们统计出不同人的Y染色体之间的突变差异数，将差异数除以速率，经过换算，就可以估算两条Y染色体之间的分化时间，这就是计量进化时间的“分子钟”。但是，由于SNP的突变速率实在太低，个体之间的突变差异散布在Y染色体的各处，只能使用Y染色体全测序来寻找，而目前全测序的成本太高，尚不能普遍应用。这一缺点被Y染色体上的另一遗传标记STR弥补了。一些STR位点分布在Y染色体上的固定位置，每一个STR位点内部的重复单位在传代过程中拷贝数发生着改变，这种改变也是有着固定的速率的。而STR突变速率要比SNP大得多，在家系中，每出生一个男子，每个STR位点突变概率大约是三百分之一。一般的Y染色体分析中，调查15个STR位点，总体突变率就大约是二十分之一。而Y染色体上以4~6个核苷酸为重复单位的STR位点有150个，如果分析全部这些STR位点，那么总突变率大约就是二分之一。这一高突变率非常有利于估算不同Y染色体之间的分化时间，因此STR位点成了Y染色体上的“时钟”。

STR的突变是双向性的，拷贝数可以增加也可以减少。有共同祖先的不同个体，其同一STR位点可能有不同突变方向和重复数。同SNP一样，数个不同位置上的STR也可以构成单倍型。在群体中分析STR单倍型的多样性程度，可以计算群体的共祖时间。例如，某个群体具有一个相同SNP突变，是从共同祖先处获得的，如何用群体中的STR多样性计算这一SNP发生的时间？假设一个STR每次突变都只增加或者减少一个重复单位，也就是一步（single-step）突变模型，且群体有着恒定的有效群体大小，就可由公式$t=-Ne\times \mathrm{In}(1-V/Ne\times\mu)$推算出该特定SNP发生的大致时间。公式中，$Ne$是有效群体大小，$\mu$是突变率，In是自然对数，$V$是观察到的群体中的某一STR数值的方差，计算得到的t是经历的世代数，再乘以每一世代的年数即可得到时间。

以Y染色体上STR的总突变率二分之一来估算，几乎每个人都可以构成独特的单倍型。但是，由于突变是一步一步发生的，父系亲缘关系越近的个体之间STR单倍型越相似，一个纯粹由父系传递的姓氏应有相近的STR单倍型。但是，由于STR的突变速率的不稳定性，加上回复突变的影响，STR计算时间的误差还是极大的。所以，准确地分析Y染色体单倍群的分化时间，还是要用全Y染色体SNP的突变谱，在这方面，复旦大学的人类学实验室的研究走在了世界最前沿。理论上，有了足够数量的Y染色体SNP和STR后，通过调查一个姓氏宗族内的男性的单倍型，就能够很清楚地构建其家族Y染色体的谱系树，乃至编写一部清晰的基因家谱。

手握DNA分析的利器，再加上其他证据，科学家就可以追溯人类进化、族群演化、家族变迁的历程，解开一个又一个未解之谜。

第三章
来自猩猩的你：探寻“人”的起源

20世纪80年代以来，从初步的遗传学到全面的基因组学的研究成果，渐渐动摇了以往很多古生物学的认知和生物分类法，甚至颠覆了传统的人类阶段进化论。本书中介绍的进化系统，大多经过了遗传学成果的修正。我们根据最新的遗传学研究成果，重构了从猿到人的进化历程。

人科与猩猩科合并

长期以来，人类认为自己这个物种是如此的与众不同，应该脱离于动物界，是一个全新的类群。然而，随着系统生物学和进化生物学的建立，生物学家认识到，人类依然属于灵长类动物的范畴，与其他猿类有着很近的遗传关系。我们已经看到了与人类如此接近的僰猿。一般来说，在灵长类中，没有尾巴的物种称为猿。现存的猿有两大类：小猿和大猿。小猿是各种长臂猿，一般单列为一个科，是没有争议的。而对于大猿，传统做法是分为猩猩科和人科，猩猩科包括红猩猩、大猩猩和黑猩猩三个属，人科只有人类一个属。但是很早以前就有很多进化学家对此表示怀疑,认为把人科从猩猩科划出来完全是人类一厢情愿的做法。近几十年来不断完善的灵长类基因组学的研究,使得我们更深入地认识了猿类的系统发生关系,也确定人类并不是一种"另类"。

因为形态特征的模糊性,传统的形态分类有着先天缺陷,不同的进化路线上可能出现类似的形态。基因组的差异则是明确而且可以量化的,显然是一种更好的进化学研究材料。两个物种之间的基因组差异程度,与它们之间分化历史的长度是成正比的。所以,通过与地质年代校正,基因组差异可以转化为分化时间。一般来说,动物界中在大约1000万年以内演化形成的各个物种可以划在一个"科"内。人类与黑猩猩的基因组只有不到2%的差异,分化历史也不到600万年,显然不可能分属两个科。所以,人科与猩猩科就合并了。目前国际上普遍采用的科名是"人科"(Hominidae)。其下再分猩猩亚科(红猩猩)和人亚科(大猩猩、黑猩猩、现代人)[1]。但是红猩猩和其他猩猩的分化年代远超过1000万年,所以或许也可以单列一个科。东亚地区发现的早期人科物种,包括腊玛古猿(西瓦古猿)、禄丰古猿、巨猿,等等,都属于红猩猩类群,而不是人亚科的成员。目前所知的人亚科早期成员是近1000万年前非洲肯尼亚的纳卡里猿,其形态与大猩猩很接近。

在人亚科中,分出了大猩猩族和人族。很多被冠以"人"的物种,其实都包含在人族之中(图3.1)。根据目前的古生物学发现,

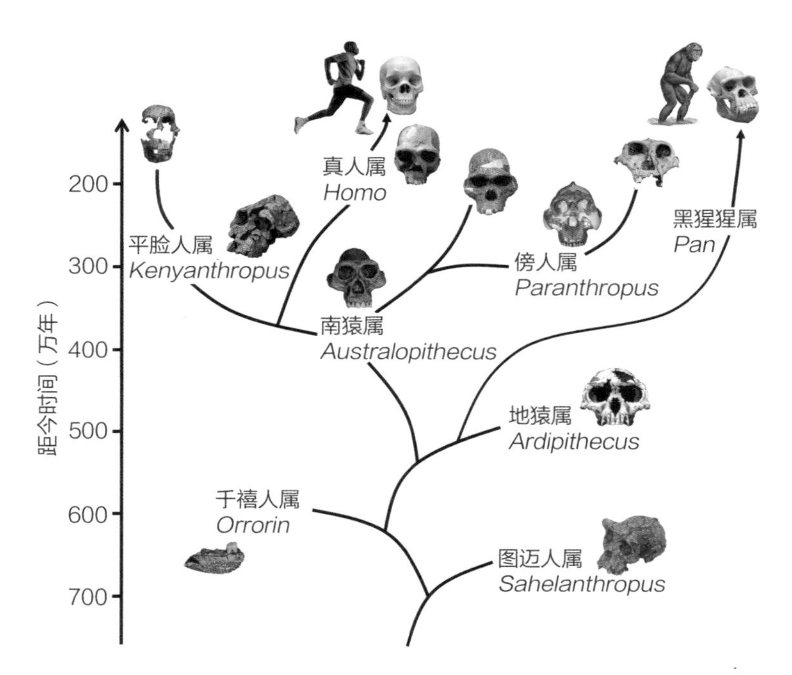

图3.1 人族各属的系统树。300多万年前，从平脸人属分出的真人属最终胜出。

最早的人族的物种是发现于非洲中部的图迈人（也叫作沙赫人），距今大约700万年。这显然已经早于人类与黑猩猩的分化年代，所以黑猩猩自然在人族之内，而且从形态上看，黑猩猩已经比图迈人更为进化，有更大的脑容量。既然图迈人都已被称为"人"，或许黑猩猩也应该被正名，不能再称为"猩猩"，至少叫作"巭猿"。实际上中国古代所称的猩猩仅指东南亚的红猩猩，所以颜色中有"猩猩红"。非洲的大猩猩和黑猩猩是近代翻译时借用的动物学名词。

人族分出八个属

人族的第二类物种是2000年发现于肯尼亚的千禧人，距今约600万年。千禧人的形态与黑猩猩非常接近，其大腿骨的形态甚至比晚300万年的南猿更接近人类(真人属)。在大猿中，大腿骨上部的股骨头与股骨主干之间的夹角越大，就越适应直立行走。而千禧人的这个夹角普遍大于南猿，证明千禧人才更适应直立行走。或许南猿并非我们的直系祖先，人类有可能从千禧人直接演化而来。不过由于超过50万年的化石几乎无法分析DNA，所以遗传学在人族演化研究中作用有限。而且千禧人的化石非常少，无法据此作出明确的判断。

地猿发现于埃塞俄比亚，距今约500万年。这一类群的形态与黑猩猩更为接近，非常有可能是黑猩猩的祖先。但是它们的牙齿与南猿的牙齿相似，所以还是难以判断其属于黑猩猩分支还是人类分支。约400万年前，南猿出现了，发展成了人族物种中一个兴盛的类群，目前发现的依次有湖畔南猿、阿法南猿、羚羊河南猿、非洲南猿、惊奇南猿、源泉南猿，延续了大约200万年。从南猿演化出两个进化策略截然相反的类群：傍人和平脸人。肯尼亚平脸人能否成为一个独立的属，目前还有争议，但基本确定的是，真人属与平脸人属的亲缘关系应该是最近的。傍人非常粗壮，头顶有着发达的矢状嵴，也就是有发达的头部肌肉，后部臼齿有现代人的两倍大，但是颅腔很小。所以傍人有着发达的咀嚼能力，属于四肢发达、头脑简单的类型，很像是一种猛兽。但最新研究认为，傍人主要是食草的。与傍人相反，平脸人到真人的演化历程中，脑容量不断增大，四肢和牙齿趋向于纤弱。发达的头脑最终使得真人在进化中胜出，繁衍至今。

最有意思的是，二三百万年前的非洲，曾经同时生活着好几种人类的近亲，有南猿、傍人、真人中的能人和卢道夫人。所以人类曾经并不孤单[2]，虽然现在地球上只有一个人类物种。

真人属的谱系

我们传统意义上称的“人类”，实际上是狭义的人类概念，也就是生物分类学上真人属的各个物种（图3.2）。真人属起源于大约200多万年前。目前找到的最早的真人化石是非洲东部约230万年前的能人，这一人种可能延续到大约140万年前。但是，2010年在南非的豪登发现的树居人，在形态上比能人更原始，可能是更早出现的真人。不过，目前找到的树居人化石的时间段是距今大约190万~60万年，不排除今后还能发现更早的化石。卢道夫人可能是能人的一个亚种分支，发现于肯尼亚，距今大约190万年。

前期的人类除了上述三种以外，在180万~130万年前的非洲东部和非洲南部，还出现了另一种人类——匠人。匠人从脑容量

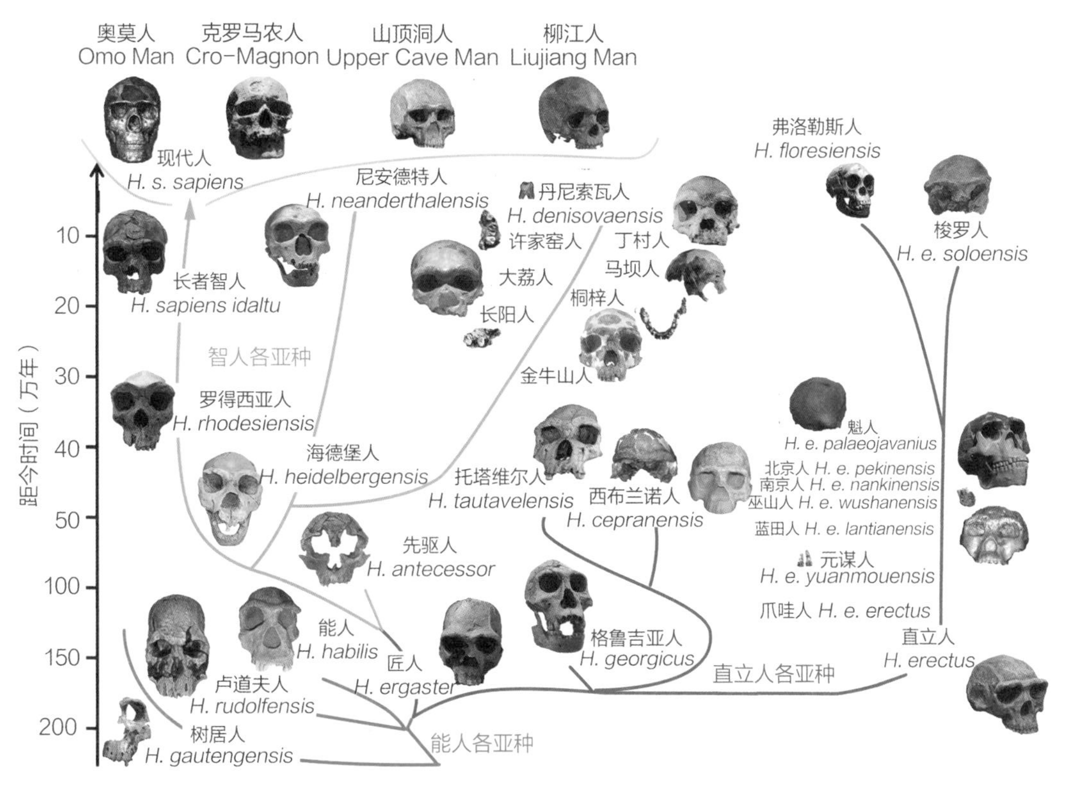

图3.2　真人属内部的谱系结构。智人与直立人是后期的两大分支。

等方面看，可能拥有比能人更高的智力，在工具制作方面也比能人更先进。与能人分化以后，匠人成为我们现代人最有可能的直系祖先。由于前期人类化石年代久远，无法进行DNA分析，而四个物种并没有都留下后代可供遗传分析的资料，所以分子遗传学对于前期人类的谱系分析无法提供帮助。很有可能树居人与能人在200万年前已经分化，而在190万年前卢道夫人和匠人从能人分化出来。匠人可能属于直立人这一物种的一个核心亚种。从目前的各项证据综合来看，整个真人属中明确的物种只有能人、直立人、智人这三个。

传统上，后期的人类分为三大类，猿人（直立人）、古人（早期智人）、新人（晚期智人/现代人），曾经被认为是人类发展的三个阶段。阶段论认为猿人必然向智人演化。现在，阶段论早已被古人类学和遗传学的研究结果所证伪，因而被抛弃。生物进化中从来就没有阶段论。首先，从古人类学的化石发现看来，直立人走出非洲，从西亚到东亚的扩张早至180万年前。其次，用分子遗传学对现存的各个大洲的现代人分支进行分析，无论是全基因组分析，还是线粒体DNA分析和Y染色体谱系分析，都得到了一致结果：所有现代人都是20万年以内重新起源于非洲的。所以现代人不可能是亚洲的直立人的后代，亚洲的直立人并没有向智人进化。直立人和智人是两个不同的分支（图3.3），而不是两个阶段[3]。

从匠人演化出的直立人各种亚种分支上，还可能分化出数个

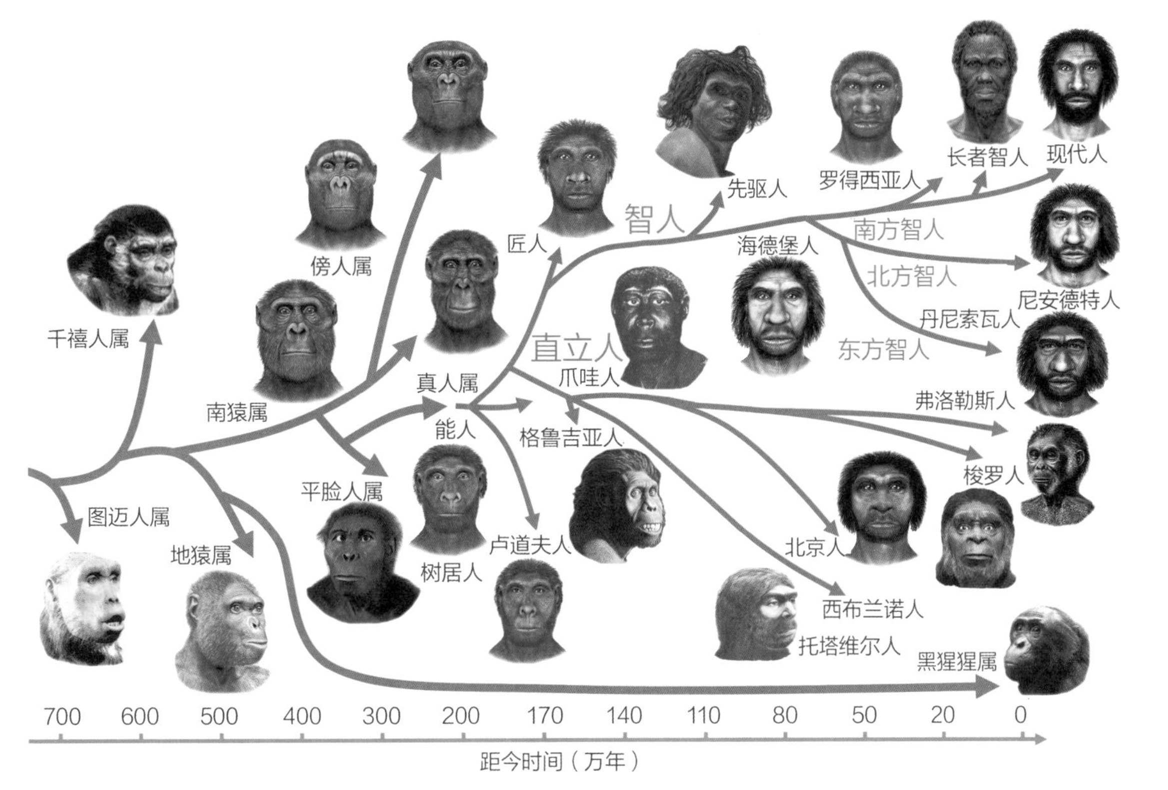

图3.3　复原像展示人族各属以及真人属各物种的分化历程。

近缘分支，包括法国的托塔维尔人、意大利的西布兰诺人、格鲁吉亚的格鲁吉亚人。180万年前的格鲁吉亚人是迄今发现在非洲之外的最早的人类。这几种人也往往被认为是直立人的亚种。直立人的标准种是印度尼西亚的爪哇猿人，50万年前东亚和东南亚的人类都属于直立人的各个亚种，甚至可能是亚种内部的地理种，其中最著名的有北京猿人、蓝田猿人、元谋猿人、南京猿人等。不过，元谋猿人的化石仅有两颗牙。虽然直立人在东亚和东南亚广泛分布，但种群规模可能非常小，很多分布点持续时间很短，这些种群已陆续灭亡。其中，印尼爪哇岛的梭罗人一直生存到了14万年前。

直立人的后代

直立人中最奇特的是印尼东部弗洛勒斯岛发现的弗洛勒斯人（*Homo floresiensis*）。这个人类物种生存于9.4万~1.3万年前，极其矮小，身高小于110厘米，甚至不超过103厘米。这是迄今发现的最矮小的人类，可能是因为数万年生存于狭小的海岛，应对贫乏的资源而产生的适应。由于形态特殊，弗洛勒斯人一般被认为是已经区别于直立人的独立物种[4]。

身高的变化在人类进化中波动是很大的，因为不断受到环境的影响。弗洛勒斯人最高才长到103厘米，比很多幼儿园小朋友都矮，是人类里面真正的“矮矬穷”。智人中的海德堡人就长得很高，欧洲的海德堡人能够长到195厘米，南非后来也找到了海德堡人，能够长到215厘米(图3.4)，这是人类里面的“高富帅”。后来地球进入新一轮的冰期以后，从海德堡人再演化出来其他的人类，身高又开始慢慢降低。身高是跟物种生活区域大小和食物充裕程度有关的。生活区域大，食物来源多，种群没有生存压力，个体可以充分生长，身高就高；生活区域小，食物有限，种群生存压力大，个体身高就会变低，以减少个体摄食量，保证种群人口数。

图3.4 人类物种的身高差异。

2007年，在菲律宾吕宋岛北部栲栳洞发现一种全新古人类化石，这种人类生活在超过5万年前。经过十多年的详细挖掘整理，2019年终于公布了所有化石信息，结果令人惊喜。从各项数据上看，这种人类有些特征接近直立人，有些特征接近同时期印尼的弗洛勒斯人，还有些特征接近现代人甚至南方古猿。研究者把这种人类定义为一个新的物种——吕宋人(*Homo luzonensis*)[5]。

这一时期的各种古人类之间的进化关系，其实非常难界定。比如弗洛勒斯人，虽然基本上认为是从东亚直立人中分化出的一个物种，但也有人根据某些特征认为该物种可能与非洲更早的能人有关，或许是更早之前从能人中分化出来的。现在看来，新发现的吕宋人的进化地位可能与弗洛勒斯人非常相似。而吕宋人的各项特征，比弗洛勒斯人更加异化。

最有可能的解释是，在约170万年前，直立人分布到东亚与东南亚，在数次冰盛期海平面最低的时候，趁陆地向东延伸连接数个海岛，进入了东南亚最东部的几个岛屿，包括菲律宾群岛(吕宋岛)和小巽他群岛(弗洛勒斯岛)。而一旦气温略微上升，这些岛屿与大陆分开，部分人群就被隔离在岛屿上，与大陆人群渐渐异化。而几十万年的分化，是可以形成物种差异的。而且吕宋岛的人群和弗洛勒斯岛的人群，会形成不同的物种。除了菲律宾群岛和小巽他群岛，苏拉威西岛也具备这种地理条件，因此，很期待不久的将来会发现苏拉威西人。

当然，对物种的界定，目前生物学界争议较多，以往的生殖隔离的标准无法普遍适用。但是对于人类物种而言，生殖隔离的标准还是可以沿用的。例如，尼安德特人与现代人有基因交流，因此严格意义上都属于智人的亚种。现在发表的论文中尼安德特人的拉丁文学名有 *Homo sapiens neanderthalensis* 和 *Homo neanderthalensis* 混用的现象，后者只能认为是一种简写形式。对更早的古人类，目前无法检测DNA，因此无法确定其间有无生殖隔离，物种的严格界定暂时还无法实现。或许吕宋人和弗洛勒斯人只是东亚直立人的两个亚种。

反过来讲，吕宋人各项特征异化，甚至有的特征接近南方古猿，说明这些特征在人类进化过程中波动很大。有可能这些特征本来就在群体中有着多样性分布，群体内的个体间就有很大差异，就像格鲁吉亚人的情况。所以从极其有限的化石材料上依据形态作出的进化推测，只能是雾里观花。

到了5万年前，吕宋人可能就消失了。而我们知道，大约6万年前，现代人已经走出非洲来到了东南亚，稍晚进入了菲律宾群岛。吕宋人的消失，很可能是被现代人抢占了生存空间。而吕宋人与现代人之间绝对是有物种差异的。

三分智人

智人这个物种内的分化谱系研究在21世纪取得了重大进展。成功获得尼安德特人（简称尼人）[6]和丹尼索瓦人（简称丹人）[7]的全基因组数据可能是十几年内人类进化研究中最重大的成果。欧亚大陆西部的尼人生活到大约3万年前,欧亚大陆东部的丹人生活到大约4万年前。通过比较尼人、丹人、现代人的全基因组差异,三者之间的演化谱系结构展示得清晰无遗。尼人和丹人之间有大约60万年的分化,而他们与现代人都有大约80万年的分化。所以这三个类型应该代表着智人的三个主要分支。现代人都是晚于20万年之前走出非洲的,其直系祖先可能是非洲早期智人——罗得西亚人。尼人广泛分布于欧洲和西亚,甚至散布到中亚。丹人虽然发现于阿尔泰山区,但是可能代表着整个东亚和东南亚地区的早期智人。所以,早期智人和晚期智人的名称意义并不确切,更好的名称可以是南方智人、北方智人、东方智人(图3.3)。

这些认识的提升,都是通过DNA研究取得的。在近十几年来的人类演化研究中,有四大DNA研究成果改变了我们对人类进化树的认识。

第一个成果是现代人基因组多样性破译。比较全世界所有的现代人全基因组,结果发现,人和人之间的遗传距离绝对不会超过20万年,而且有20万年差异的那些人全部集中在非洲。而非洲之外的那些人群,不管是美洲印第安人,澳大利亚原住民,欧洲的白人,还是东亚的黄种人,他们之间的基因组的差异都不会超过7万年,最多在6万年左右。这就证明全世界的人,除了非洲以外,都是在6万多年前从同一个起源开始分化的,非洲在20万年前就开始分化。所以全世界现代人都是20万年前起源于非洲,7万~6万年前走出非洲,这是整个人类基因组研究得出的结论,是毫无疑问的。

第二个成果是尼安德特人基因组的破译。尼人从大约40万年前就开始存在,到两万多年前才灭绝。在直布罗陀的最后一个尼人死后,尼人就灭绝了。这几年来对各地约3.8万年前的尼人化石进行了分析,结果发现他们跟我们现代人的基因组差异有大约80万年,因此,尼人和我们是完全不同的两个亚种,他们不是我们的祖先,而是跟我们平行的一个智人亚种。2013年底,《自然》上发表了一篇文章,研究阿尔泰山区的尼人,结果发现3万多年前的阿尔泰山区、高加索地区和巴尔干地区的尼人,相互之间遗传关系非常近,只有几万年的分化,所以尼人在其发展的后期有过一次迅速的内部扩张,早期的尼人大部分灭绝了,大约现代人扩张的同时,晚期的尼人也从一个地方(近东地区)重新扩张到欧亚大陆西部各地。

第三个成果就是丹尼索瓦人基因组的破译。丹人是在阿尔泰山区发现的另外一个智人亚种,实际上代表着东亚30万年来的早期智人。在阿尔泰发现的丹人化石有大约3万年历史。对它的基因组进行分析以后发现,丹人跟现代人也有80万年的差异,跟尼人则有60万年的差距。这就证明了丹人也是一个独立的亚种,而且跟尼人、跟我们现代人都是很接近的,当然丹人跟尼人更接近。所以,这三种智人之间的相互关系就清楚了。

第四大成果，一项很重要的研究对西班牙胡瑟裂谷的海德堡人的基因组进行了解析。这项研究不得了，之前研究的都是5万年之内的化石，因为只有那样晚近的样本才能获取足够的DNA，但是这个海德堡人的化石已经达到了30多万年，是接近40万年前的化石，从里面居然得到了足够的线粒体DNA。分析发现，胡瑟海德堡人DNA跟丹人的DNA更接近，他们是丹人的祖先，但是跟尼人和我们现代人都有差异。所以欧亚大陆的早期智人——丹人和尼人，他们的进化路线基本上可以推测：他们是从非洲西北角穿过直布罗陀海峡进入西班牙的。冰川期没有海峡，非洲和欧洲是连在一起的。然后，他们翻过比利牛斯山，进入欧洲，再扩张到亚洲，从北边进入东亚。这是早期智人在80万年前一直到30万年前的一段迁徙过程。而现代人是在6万多年前从东非进入阿拉伯半岛，然后散开到全世界的。所以现代人和早期智人在不同的时间走了不同的路线。

在这几个成果所提供的知识框架下，我们就可以把人类进化的基本框架构建起来。我们知道智人和直立人是完全不同的两个物种，直立人大概是在170万年之前就已经走出非洲，进入西亚，再迁徙进入东南亚，然后进入东亚。格鲁吉亚猿人、北京猿人、爪哇猿人都在直立人这一物种范围内。而现代人是属于智人这一物种，是在20万年前从非洲起源的，非洲20万年前只有罗得西亚人这一智人的亚种，所以罗得西亚人就是现代人的祖先，这是唯一的选项。罗得西亚人起源于更早的海德堡人。部分海德堡人在80万年前走出非洲，进入西班牙，然后分化出尼人和丹人两个亚种。所以我们根据这几个知识点，确定了整个人类起源和分化的框架，这都是由DNA研究的最新成果确定下来的。

不过，母系线粒体的谱系分析得出了稍有不同的三者间拓扑结构。线粒体谱系中，现代人与尼人分开40多万年，两者与丹人分开大约100万年[8]。纯母系结构与全基因组结构的差异，可能暗示着人类迁徙中的复杂故事，一个人群接受其他人群的女性可能是比较容易的，后期尼人的女性不知为何全部都来自现代人。智人分化的年代，与红猩猩、大猩猩、黑猩猩三个属内任两个物种的分化年代基本一致，原因可能是当时全球发生了气候剧变。智人的起源时间估计在大约120万年前。迄今发现的最早的欧洲人——在西班牙阿塔坡卡发现的先驱人，就是那个年代的。先驱人已经具有了很多智人的特征，但只是在西班牙昙花一现，可能不久就灭绝了，成为人类进化中的旁支，并没有留下后代。最早明确属于智人的人类物种是海德堡人，这一类群主要发现于欧洲，生存年代大约在60万~40万年前。海德堡人的脑容量与现代人基本相当，可能是因为他们身形巨大——欧洲海德堡人的平均身高就超过180厘米。有些学者认为，非洲同时期的人类也属于海德堡人，比如南非发现的“巨人”，是人类物种中最高大的，身高超过213厘米。海德堡人可能有了语言，已经开始埋葬死者，很可能处于三种智人分化之初的阶段，属于尚未形成形态差异的时期。

对于智人三个分支之间可能发生过的遗传交流，也就是尼人和丹人有没有遗传成分传到现存的现代人中，是人类进化研究中最引人入胜的课题。在尼人和丹人的基因组数据出来之前，对于三种智人之间的遗传交流只能局限于猜想。现在，通过比较三种基因组，我们已经能够比较精确地知晓。在2010年之前，通过纯父系的Y染色体和纯母系的线粒体DNA分析，在现代人中没有发现任何尼人或者丹人的成分。但是，之后的全基因组分析得到了稍有不同的结果。非洲现代人中，依旧没有发现任何尼人或丹人的遗传成分。但是在非洲之外的现代人群中，都发现有1%~4%的尼人基因组成分。而且，这些基因交流是在六七万年前现代人刚刚走出非洲的时候发生的，其后就再也没有发生过，虽然现代人与尼人在欧洲共存了数万年。所以，走出非洲以后分化形成的世界各地的人群中，都保存了相同的尼人基因比例。

丹人虽然发现于北亚地区，但是在亚洲大陆上的现代人群中没有发现任何丹人的遗传成分。反而，在大洋洲的新几内亚原住民人群中发现了大约6%的遗传比例[9]。很有可能是，新几内亚原住民的祖先在迁徙途中经过中南半岛时，接触到了丹人群体，发生了基因交流。所以可以确定，丹人的地理分布很广泛，至少从北亚到东南亚都存在，而且人口不少，有机会把可观的遗传基因流传到新几内亚现代人中。丹人生活的时期与“东亚早期智人”的生活时期大致重合，可以推断，所谓“东亚早期智人”与“丹人”就是同一个亚种。

东亚现代人为何没有与丹人发生基因交流，这是一个不容易解释的事实。研究者曾经期待早期的东亚现代人会有更多的尼人或者丹人的遗传成分，但是，2013年新发布的北京周口店地区4万多年前的田园洞人基因组，却与现代的中国人几乎没有差别，没有更多“早期智人”的遗传成分[10]。看来，智人三种亚种之间的基因交流可能发生过，但是非常有限。但正是这些基因交流，证明他们之间是亚种差异。实际上对于人科动物，物种之间由于大量基因分布于不同染色体上而不能有效地减数分裂、形成有活力的生殖细胞，因此存在生殖隔离。而亚种之间基本不存在基因分布于不同染色体上的问题，但是可能存在同一基因位于同一染色体的不同部位的情况，因此在杂交时，可能由于染色体重组而使大量基因被破坏，从而显著降低杂交的成功率，即存在生殖障碍。至于地理种之间，基本不存在基因错位问题，但是有大量基因突变，使得表型差异显著。

现代人的八个分支

非洲的南方智人在至少16万年前开始发生明显的形态变化，在埃塞俄比亚演化出了长者智人，其形态介于罗得西亚人和现代人之间。在埃塞俄比亚还发现了几近20万年前的奥莫人，其形态特征已经基本属于现代人，而长者智人还有更多类似罗得西亚人的特征。所以，现代人至少20万年前就起源了。如果长者智人是罗得西亚人与现代人之间的过渡类型,则说明长者智人可能在比20万年前更早的时间里就形成了,只是有些群体没有演化成现代人的形态,一直保留到16万年前。但是,这些最早的群体并不能全部生存下来,更无法把所有的基因库都流传到现代。因此,从不同遗传方式的基因组区段,可以把现代人的谱系追溯到不同的年代。纯母系的线粒体谱系可以最远追溯到大约20万年前,而纯父系的Y染色体只能追溯到14.2万年前。这说明女性有更公平的生育权,也更容易被其他群体接受。所以20万~14.2万年前的很多女性都留下了直系后代,而此期间父系只有一个最终留下直系后代,传承至今。

但是,一项新的发现把Y染色体的谱系推到了33万年前[11]。研究者在西非喀麦隆的西北部山区找到了一个亩巴人(Mbo)村子,他们的Y染色体与世界其他人群的Y染色体DNA序列差异极大,可能已经分化了33万年。所以研究者认为,这可能是罗得西亚人残留的Y染色体,定义为单倍群A00。而该群体距离最后的罗得西亚人遗址——1.3万年前的尼日利亚的遗娃来如(Iwo Eleru)遗址并不远。研究者认为,现代人发生以后,在扩张过程中不断与残存的罗得西亚人群体混血,形成很多混合群体[12]。这样说来,长者智人更可能是混合群体,而不是进化中间步骤。这也更符合现代人—长者智人的先后关系。不过由于该项研究使用的突变率等参数可能并不合适,分化年代被过高估计了。重新用Y染色体家系突变率估算的结果是,A00与其他类群的分化年代大约为20.9万年,那样的话,A00还可能是现代人最早分化出的谱系,Y染色体与线粒体追溯到了同样的年代。

由于男性对族群的主导性,父系的遗传类型(Y染色体类群)容易变少。所以不同群体之间差异最大的遗传物质是Y染色体类群,也叫作Y染色体单倍群。全世界的Y染色体单倍群构成了一个可靠的谱系。Y染色体的主要单倍群的形成需要长期的隔离演化,这与现代人种族的隔离演化机制是一致的。所以现代人发展早期,Y染色体单倍群与人种应该有过很好的对应关系。不过近几千年来,由于人群大规模融合,这种对应关系稍有打乱。

Y染色体的根部类群是A型,仅存在于非洲。其次是B型,也在非洲。所以从Y染色体来看,现代人肯定起源于非洲。C以后的类群(C到T)从B分化出来的年代大约是7万年前,所以现代人走出非洲的年代不会早于7万年前。A、B、C、D、E这5种类群,每一类内部的亚型都是大约6万年前开始分化形成的。这一时段就是现代人最早的种族形成时期。在7万多年前,地球上发生了一次巨大的灾难,苏门答腊岛上的多峇火山发生了超级大爆发,在地质学上称为多峇巨灾。此后地球进入了冰期,许多动物种群灭亡,人类群体也大量灭亡。留下的少许小群体隔离分布在非洲中部到东北部,形成了数个地理种。其后由于冰期的海平面下降,大陆之间出现了很多新的陆地连接,人类群体开始向各大洲迁徙,地理种进一步分化。

1863年,德国博物学家海克尔绘制了一张人类种族起源图谱(图3.5)。在这张图谱中,全世界的人类分成12个地理种。现在,我们对全球的人群有了全面的普查,发现海克尔遗漏了2个矮人种——非洲的俾格米人与亚洲的尼格利陀人。对各人种的遗传基因的分析也发现,海克尔列出的某些人种其实是其他人种的混合群,比如奴比人种和卡佛人种是"黑人种"与侯腾图人种的不同混合群,德拉威达人种是地中海人种与澳洲人种的混合,马来人种是蒙古人种与尼格利陀人种的混合。而美洲人种与北极人种的差异,以及澳洲人种与巴标人种的差异并不大。全世界的人群大致有5种肤色:橙、黑、棕、白、黄。从全基因组的分析[13]来看,全世界的人群可以分成8个地理种:布须曼、俾格米、尼格罗、尼格利陀、澳大利亚、高加索、蒙古利亚、亚美利加。按照体质形态特征,全世界的现代人也可以分为上述8个地理种。近年来,由于政治上反种族主义的需要,西方遗传学界提出特别的观点,认为种族的概念是没有遗传学根据的。其证据主要是,种族之间都存在过渡类型,没有绝对的界限;大多数等位基因类型在各个种族内都有一定的频率分布。实际上,种族主义的错误在于认为种族有高低贵贱之分,这导致人类历史上多次种族灭绝惨剧。反对种族主义,是要反对种族歧视,反对种族在先天上有优劣之分,而不是否认种族(也就是地理种)在外形和遗传历史上的客观差异。如果说黑人与白人在生物学上没有差异,这显然不符合客观事实。西方遗传学界提出的种族之间有过渡,其实是近几千年来人群的混合造成的。例如,在加勒比群岛上,还存在美洲印第安人与黑人之间的过渡类型,显

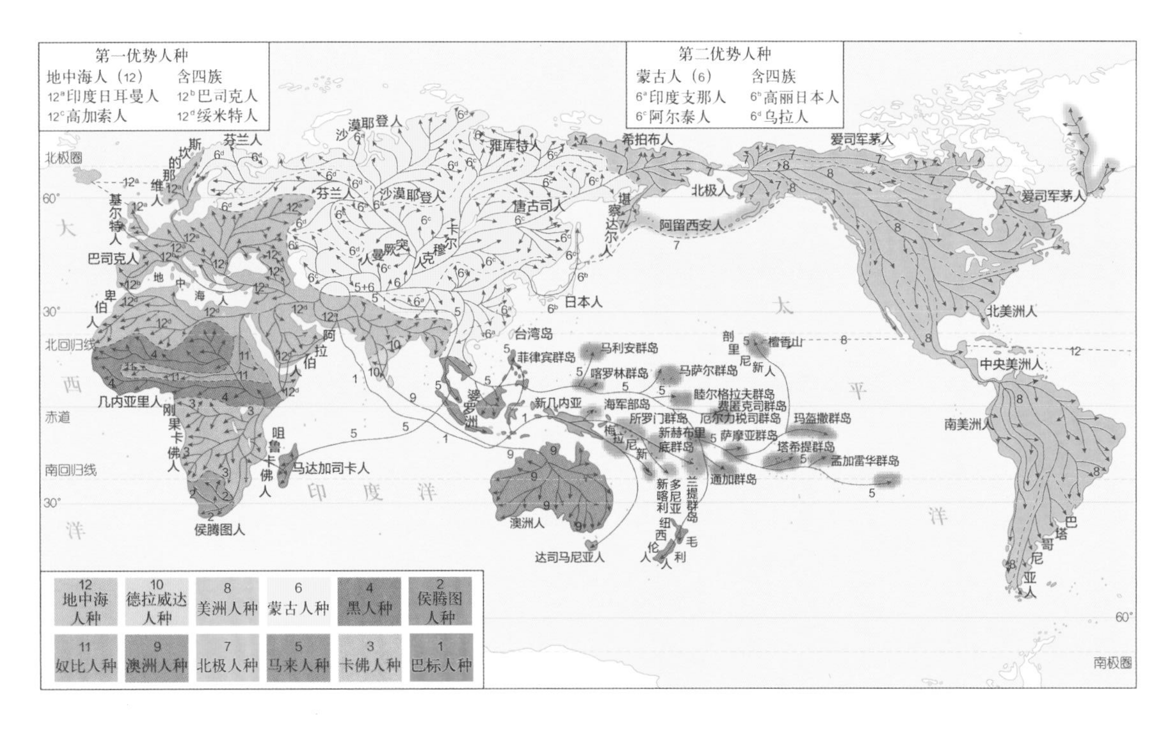

图3.5 海克尔在《自然创造史》中绘制的人类种族起源图谱。

然是人群混合形成的,而不是美洲人从非洲人群渐变而来的过渡类型。种族之间等位基因不一定是截然不同的,毕竟现代人与黑猩猩的基因组也只有小于2%的差异。所以种族的基因组之间,只要有少数基因有特异性分布,造成地理种之间的表型组的显著差异,就足以支持种族在生物学意义上的存在了。

Y染色体谱系与人种的同步演化

与现代人各个种族对应关系最好的遗传材料是Y染色体的谱系。体质类型的分化与Y染色体单倍群的分化,都是在群体地理隔离的条件下同步发生的(图3.6)。根据Y染色体的谱系分析,最古老的类型是A型,集中分布于非洲南部和东北部,也零星分布于中非。相关的人种是非洲南部的布须曼人(旧称开普人种或侯腾图人种),非洲东北部的尼罗-撒哈拉人(奴比人种)也与之有关。A型下面的有些亚型只出现在埃塞俄比亚的一些群体中。最近的研究指出,A型可以追溯到非洲中部偏东北地区,非洲南部布须曼人的A型也是从北方而来。布须曼人的科依桑语系的语音是世界语言中最为特别的,有着复杂的搭嘴音。包括尼罗-撒哈拉人在内的布须曼人种的肤色呈橙红色,而不是常见的非洲人的黝黑色。考古学和遗传学研究都发现,非洲的黑人只是最近1000年来从非洲西部扩张到非洲东部和南部,此前非洲大部分区域的居民都是橙色人种。在黑色人种和橙色人种的接触中,Y染色体A型也流入了

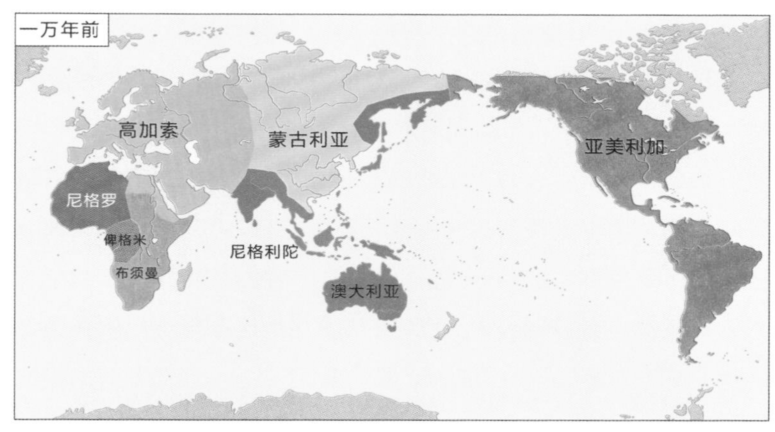

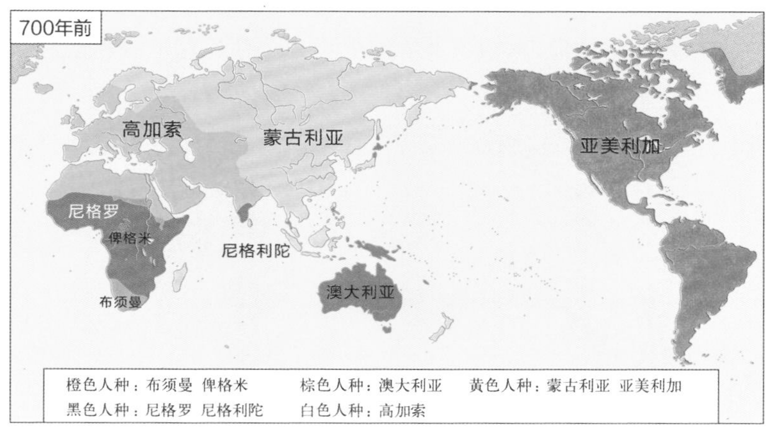

图3.6 现代人8个地理种的历史地理分布示意图。灰色部分为无人区。

非洲中南部的黑人中。

其次古老的Y染色体类群是B型，大致对应中非、刚果等地热带雨林中的俾格米小矮人。非洲东部坦桑尼亚的哈扎比人Y染色体也多为B型，他们的身高同样偏矮。俾格米人种非常适应在热带雨林中生活，有些村落完全建造于雨林的树冠上。他们的肤色也偏橙色，不同于西非尼格罗人的黑色，所以也算是一种橙色人种。矮小的俾格米人与高大的尼格罗人在毛发上特征差异也很明显。成年俾格米男人有着浓密的胡须，而尼格罗人的胡须一般很稀疏。两个橙色人种与其他人群的分化都在7万年以上。其他分支都是距今7万年之内走出非洲的人群的后代，其中D和E最早是黑人的类群，他们可能六七万年前从埃塞俄比亚与也门所在的红海口处进入亚洲，而后在红海北部分离（图3.7）。携带E型的人群回到非洲，一路向西，成为非洲西部的尼格罗大黑人；携带D型的人群辗转向东迁徙，成为东南亚的尼格利陀小黑人。两种黑人的

图3.7　8个人种及Y染色体根部单倍群的大致迁徙路线。图中数字为距今万年数。

分布区域相距如此遥远，这是非常不可思议的格局。两者在身高上也达到两个极端：尼格罗人非常高大，非洲西部有些种群的成年男子身高往往超过180厘米，而尼格利陀人成年人一般不会超过150厘米，甚至更为矮小。尼格利陀人现在仅存于缅甸以南的安达曼群岛、泰国和马来西亚边境山区、菲律宾中北部山区。但是其对应的Y染色体D型人群广泛分布于青藏高原、日本列岛和中南半岛。所以这些区域很可能是尼格利陀人的历史分布区，不过后来在黄色或棕色人种的影响下发生了人群体质变化。很有意思的是，菲律宾的尼格利陀人中没有发现D型Y染色体，而有着来自新几内亚的棕色人种的C型和K型。这可能是受棕色人种后期扩张的影响。而日本列岛最早的居民绳文人有着D型染色体，身高也在150厘米以下，应该属于尼格利陀人种，但面貌特征是典型的澳大利亚棕色人种。所以，在迁徙路线的末端，人种之间交流的复杂程度远超我们的想象。

携带着Y染色体C型和F型的人群跨过红海以后，继续向东北进发，F来到了两河流域，而C来到印度河流域。在这两个区域中，两个人群演化成了不同的人种。C型人群形成了棕色人种，在五六万年前扩散到东亚、东南亚和澳大利亚、新几内亚、美拉尼西亚，也被称为澳大利亚人种。F型人群则是白种人和黄种人的祖先。在三四万年前F型人群开始从两河流域、里海南岸扩张，其下有G到T等14种亚型。G、H、I、J、L、T型人群在欧亚大陆西部成为高加索人种。高加索人种虽然往往被称为白人，但是肤色不一定很白。

大约2万年前,O和N型人群来到东亚形成蒙古利亚人种,取代棕色人种成为东亚的主体人群。大约1.3万年前,N型人群从东亚扩张到北亚和北欧。也是在大约2万年前,Q和R型人群来到中亚,但是他们并没有在当地形成独特的种族,而是大多融入了周边的种族。大多Q型人群向东迁徙加入蒙古利亚人种,部分继续东迁,大约1.5万年前跨过白令海峡进入美洲,形成亚美利加人种。R是中亚地区的主要类群,但同时大量向西迁徙加入高加索人种,成为南欧人群的主流。

随着Y染色体谱系研究的深入,对Y染色体各个类群分化时间的分析越来越精确,人类群体演化的历史将越来越明确。客观准确地认识人类的演化历史,了解种族、民族和群体方方面面的异同,能使我们更好地理解人群之间、人与自然之间应有的和谐关系,更好地维护人群的身体健康和社会健康。

从“人”到“现代人”

前文展现了科学家对人类进化的探索历程。现在,不妨简明地对我们所掌握的知识作一小结,看看人类的进化之树是如何伸展的。

第七棵进化树:人类萌发

与大猩猩分化以后的人族动物是最广义的“人类”概念。目前一共发现8个属,除了人属,其他属全部没走出非洲。

最早的图迈人属生活于约700万年前,也叫沙赫人,2001年末发现于乍得。图迈人可能是人族演化早期的一个旁支,还保留了一些大猩猩的特征,也有人类与黑猩猩共同祖先的一些特征。

约600万年前生活于肯尼亚的图根山的千禧人属,因为发现于2000千禧年,所以被称为千禧人。从形态上看,千禧人显然已经可以直立行走了,因此很可能是位于人类进化的主干上。由于从基因组计算得出人类与黑猩猩大约分化于500万年前,千禧人仍可能是两者的共同祖先。

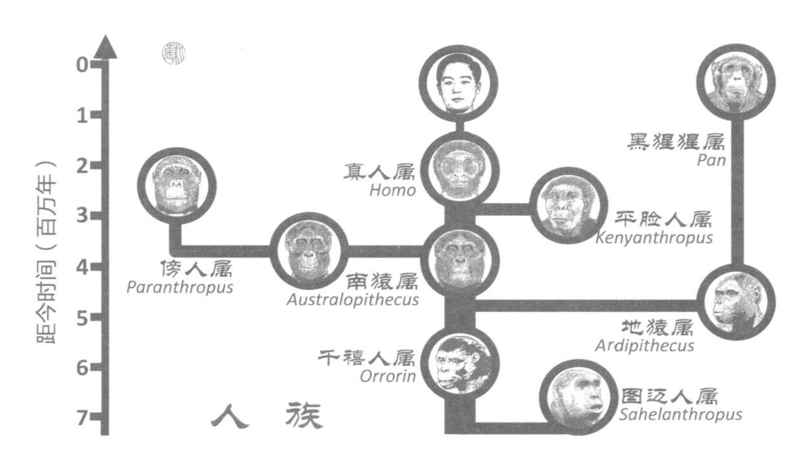

图3.8 第七棵进化树——人族进化历程。

约580万年前演化出的地猿属，有着过长的前肢，各种特征与黑猩猩相似，应该是黑猩猩的祖先。

约550万年前出现的南方古猿属应该也是千禧人的后代。南猿分化出很多物种分支，大部分种类的南猿直立行走能力渐渐退化，包括曾被称为“人类老祖母”的阿法南猿“露西”。其中一个分支演化出具有强大咀嚼力的食草类群傍人属。另一个分支在约360万年前演化出杂食性的平脸人属。我们所属的真人属大约出现于260万年前，可能与平脸人属有最近的亲缘关系。

第八棵进化树：三出非洲

真人属内部的分类比较复杂，曾被分出十多个物种。这种分类并没有太多生物学的依据，是一种古生物学传统的临时分类。对于人类这样机体复杂程度较高的动物，生殖隔离依然是物种识别的重要标准。比较现代人与尼安德特人（简称尼人）、丹尼索瓦人（简称丹人）的基因组，人类学家发现，在现代人中有另两者的混入成分。非洲以外现代人中均有约2%的基因组成分来自尼人，非洲人中也有少量尼人基因成分。在澳大利亚、新几内亚原住民基因组中有近7%的成分来自丹人。北亚地区的古DNA研究也证实了尼人与丹人的混血。这说明，三者之间没有生殖隔离，他们都属于智人物种，只是亚种区别。三者都源于约100万~60万年前的海德堡人。所以智人物种应该还包括早期的海德堡人、中期的罗得西亚人，甚至更早的先驱人。以这种分化的时间尺度推断，真人属中可以鉴定的物种可能只有能人、直立人、智人，其他古人种的定义可能都是这三个物种内的亚种甚至地理种。

约260万年前能人出现，约190万年前分化出卢道夫亚种与直立人物种的匠人亚种。匠人用了近50万年时间取代能人。约175万年前，部分匠人走出非洲，从西亚进入东亚，成为东亚的各种直立人亚种。其中一支直立人隔离于印尼东部的弗洛勒斯岛，演化成约1米高的小矮人种弗洛勒斯人。另一支隔离于菲律宾群岛，形成了吕宋人。

100多万年前，匠人中突变出了智人。海德堡智人生活于温暖时期，身高发育到了195~215厘米。约80万年前，智人走出非洲，

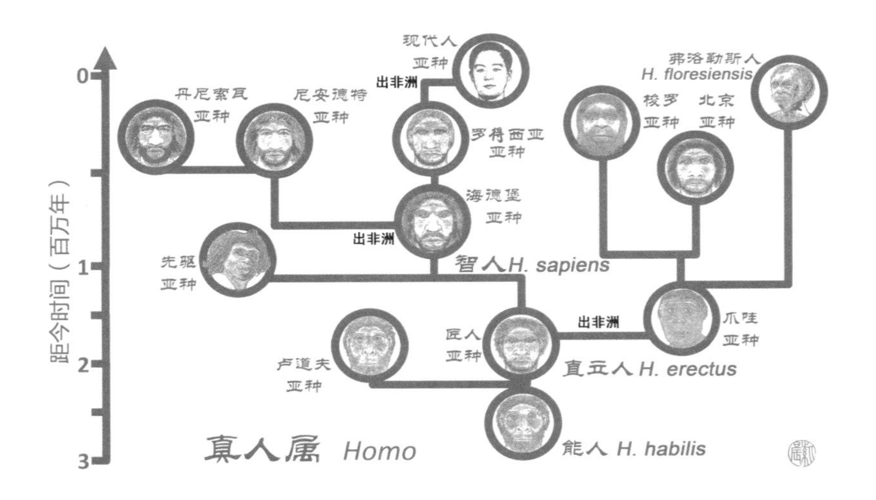

图3.9 第八棵进化树——真人属进化历程。

在欧亚大陆扩张,用了数十万年取代直立人。约70万年前,全球开始进入冰期,撒哈拉沙漠以南的非洲、欧亚西部与欧亚东部三地被隔离,智人渐渐分化成罗得西亚人、尼安德特人、丹尼索瓦人三个亚种。

约20万年前,非洲罗得西亚人中突变出现代人,约7万年前又走出了非洲。

第九棵进化树:现代人地理分化

从20万年前起,现代人生活在非洲,尼人生活在欧亚西部,丹人生活在欧亚东部,三者势均力敌,很难突破分界线。偶有现代人进入西亚地区甚至南欧地区,也最终被消灭。直到大约7.4万年前,一场多峇巨灾打破了平衡。苏门答腊岛的多峇火山爆发,达到了近一千倍于维苏威火山爆发的当量。浓厚烟尘遮蔽了阳光,大气降温,地面积雪,全球进入盛冰期,大量动植物种群灭亡。尼人与丹人几乎灭绝,仅极少数山谷中残余数百个体。这为现代人的扩张扫清了道路。非洲有较好的气候,幸存的数千现代人迅速繁衍扩张,向四周漫延。约7万~6万年前走出非洲来到西亚,并很快占领东半球。约3万年前,丹人与尼人被始终抢占先机的现代人挤压生存空间而灭绝。

到达不同区域的人群彼此相对遗传隔离,适应不同的气候环境,基因累积突变,形成了不同的地理种。在东非和南非萨瓦纳草原上继续采集狩猎的人群发展成了体脂比例较高的布须曼人。进入中非雨林的人群由于空间狭小、食物匮乏,发展成身高不到130厘米的俾格米人。北上走出非洲的人群分成了两支。其一为黑人分支,大约5万年前分别向东西方向分化,西迁到西非平原的成为大黑人,东迁到东南亚雨林的成为小黑人;另一分支中,沿海岸线东进,在6万年前到远东沿海和大洋洲的,适应热带季风气候成为澳大利亚种,留在西亚的适应地中海气候成为高加索种。西亚人群在约5万年前向东分化出一支人群,并分别南下和北上绕过青藏高原。南线人群从缅甸进入中国,适应温带季风气候成为东亚主流的蒙古利亚种。北线人群进入中亚与北亚,渐渐与南线人群混合。北亚部分人群在约1.5万年前,趁着冰川消融过程中白令陆桥开通而进入美洲,成为亚美利加种。不同的地理种长期隔离,演化

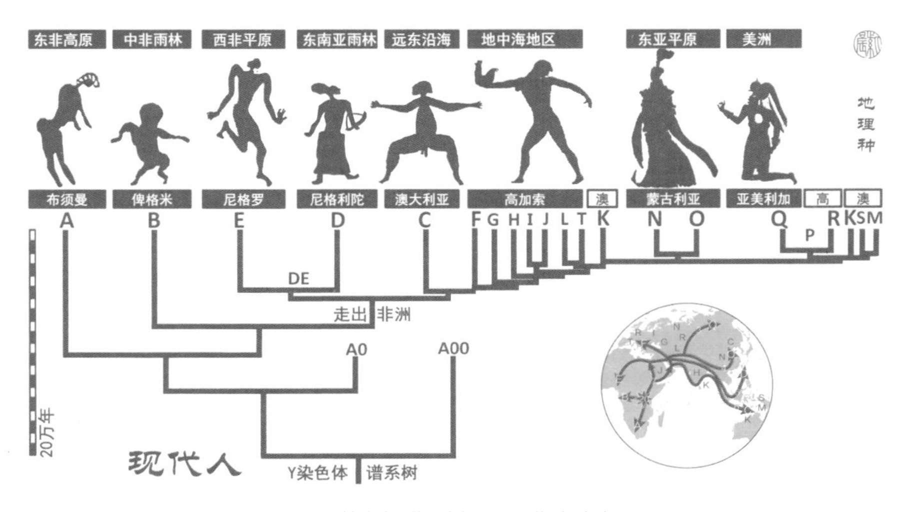

图3.10　第九棵进化树——现代人演变历程。

出了不同的Y染色体主干群,其基本地理分布甚至保存至今。

分清“智人”与“现代人”

前文已经把人类进化的主要历程梳理了一遍,但是看过其他人类进化科普读物的读者可能觉得有很多说法出入很大,甚至名词都不一样。特别是“智人”和“现代人”这两个名词,更是令人困扰。所以有必要仔细分辨一下两者。

智人学名的勘定与变迁

智人(*Homo sapiens*)这一学名是生物双名法的创始人林奈在1758年的《自然系统》第十版中设定的[14]。当时所知的智人只有我们现生的人类一种,所以智人的概念并没有什么混淆。这一情况一直延续到20世纪50年代。林奈认为现生的人类最显著的特征就是具有高度智慧特别是自我认知,所以用了*sapiens*作为种名,并注释为“认知汝自身”。在生物界中,现生人类显然属于灵长目人猿总科,与人类最接近的应该是黑猩猩属。但是即便黑猩猩属中最有智慧的倭猿,与人类的智商鸿沟也极大[15]。这一鸿沟的存在,被认为是人类进化过程中出现过过渡类型或者平行类型已经灭绝的缘故。为了填补这一鸿沟,古人类学家一直在努力寻找不同于现生人类的古人类化石。

1856年8月,在德国西北部的尼安德特河谷中,发现了一个特殊的人类头骨化石,眉弓比我们高,下颚也比我们突出,颅型与我们差别也很显著。这显然是一种古人类,但是当时由于受到宗教思想的影响,大多数人都认为这是一个受到某种特殊的影响而变形的现生人类。比如德国著名病理学家菲尔绍(Rudolf Virchow)就认为这可能是"患佝偻病、额头受过伤、因为关节炎而变形的人"。直到1864年,英国解剖学家金(W. King)才根据达尔文进化论,把这一化石种确认为不同于现生人类的另一种人,并定名为尼安德特人(*Homo neanderthalensis*)。

在尼人发现的早期阶段,人们并不清楚尼人与现代人之间是什么关系。但是,之后的研究发现,尼人可能并没有最初想象的那么原始。例如,他们的脑容量平均有约1500毫升,最高的达到1740毫升,比现生人类的平均1350毫升还大。当然,脑容量大并不证明他们比我们现代人智商高,因为他们的脑形态是前后长、上下扁,各个脑区没有平衡发展。但是这至少说明他们的智商并不低。在文化方面,尼人也能制造长矛、建造居所、照顾伤病、举行葬礼[16],因此说明尼人也是有着明确自我认知的高度智慧的人类。所以,20世纪60年代,人类学家把尼人划归到了智人物种中,智人(*Homo sapiens*)再也不仅仅指我们现生的人类,而是包括了两个亚种:尼安德特人(*Homo sapiens neanderthalensis*)和现代人(*Homo sapiens sapiens*)。所以在人类进化的语境中,现生人类的学名不能再用智人,而必须用现代人。

在发现尼人以后,世界各地又发现了许多同时期的相似古人种,包括法国的圣沙拜尔(La Chapelle-aux-saints)人(1908),赞比亚的罗得西亚(Rhodesia)人(1921),巴基斯坦的斯虎耳(Skhul)人(1931),我国山西的丁村人(1954)、湖北的长阳人(1956)、广东的马坝人(1958)、山西的许家窑人(1976)、陕西的大荔人(1978)、辽宁的金牛山人(1984),等等。加上几年前发现的河南许昌人,这些古人种都被统称早期智人或者古人(archaic *Homo sapiens*)[16]。相对应的是,现代人(modern human)也被称为晚期智人或者解剖学意义上的现代人(anatomically modern *Homo sapiens*)[17]。

物种界定标准与智人亚种的遗传关系

虽然把早期智人和晚期智人定为同一个物种是国内外人类学界的共识,但是这种划分是否有科学依据呢?关于物种的定义,在生物分类学界存在一些争议,至少有20种以上的定义[18]。我们现在普遍接受的物种概念是一个占据一定生态位的生殖单位群体,物种之间存在生殖隔离。现代分类学的创始人林奈划分物种的标准是不变和客观存在,他认为物种不变的两个表现就是种内形态一致和种间生殖隔离。虽然物种不变的观点不符合生物进化的事实,但是生殖隔离作为物种划分的基本标准一直被沿用。但是,达尔文也指出,没有一条定义可以解决所有的物种界定问题[19]。尽管如此,我们还是需要一条主要的标准来界定物种,因此教科书中一般都沿用迈尔(Ernst Mayr)1982年教科书中的生殖隔离标准[20]。实际上,生殖隔离作为物种分类的主要标准,也主要适用于

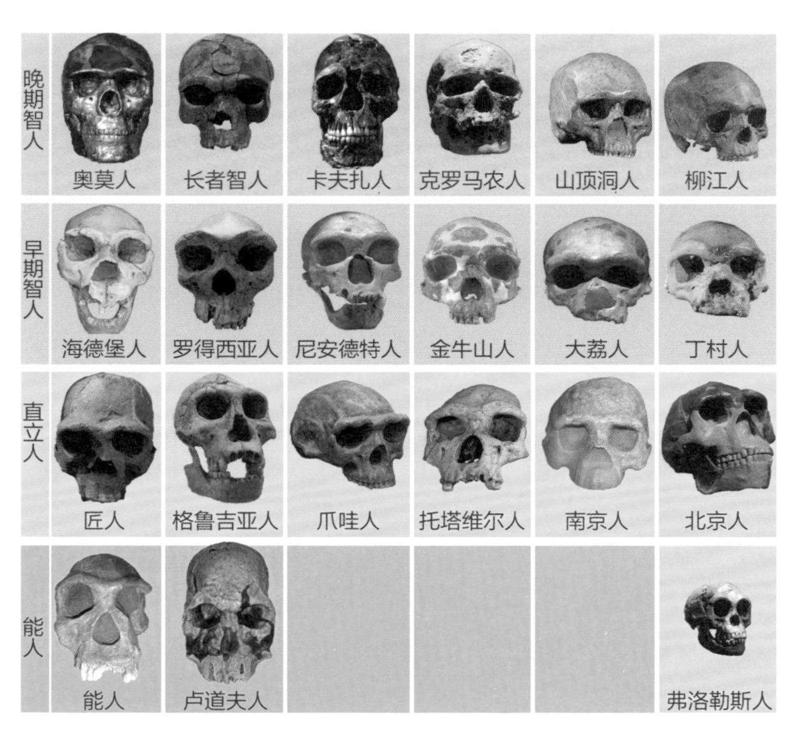

图3.11 各种古人类的代表性头骨。

有性生殖的物种，对于无性生殖则无法适用。即便在有性生殖中，由于物种进化的复杂性，这一标准也存在大量不适用的情况。有的物种内部的不同品系之间就有生殖隔离，比如四倍体小麦和二倍体小麦之间就不能杂交。有些物种分化程度很高，但是种间依然可以有效杂交，比如水蚤属中的长刺蚤等[21]物种。种间杂交在植物界以及单细胞生物中就更常见了，因为有些生物的身体结构的整体性相对较低，即便身体的某些部分发生较大改变也不会影响其生存。所以，即便分化已久的近似物种之间杂交，造成身体形态或机能发生较大改变,也依然可以容忍。但是对于身体整体性较高的物种,特别是脊椎动物,物种间的生殖隔离还是明显的。虽然某些生殖隔离的案例存在于物种内,比如环扣分布的暗绿柳莺[22],两端亚种间就存在生殖隔离,但是总体而言脊椎动物物种间几乎都存在生殖隔离。也就是说,对于脊椎动物来说,有生殖隔离的种群不一定有物种差别,没有生殖隔离的种群间肯定没有物种差别。如果不使用生殖隔离标准,那么有一种笼统的物种定义可以普适应用:物种是生命系统线上的基本间断。这种间断,可以由生殖隔离,可以由地理隔离,也可以由进化中的时间隔离,只要两个种群的基因库无法再交流,基本间断就出现了。

那么,我们定义为智人的各个亚种间存在基本间断吗?在存续时间上,尼人存活到两三万年前,丹人至少在3万年前还存在,而现代人出现于约20万年前,这些种群是没有时间间断的。在地理上,尼人分布于欧亚大陆西部,丹人分布于欧亚大陆东部,而现代人在约7万年前走出非洲散布到了欧亚大陆各处,所以也是没有地理间断的。那么生殖间断存在吗?这就要从基因组的检测中寻找答案了。

目前成功做过基因检测的最早的人类遗骸是距今约40万年前的西班牙胡瑟裂谷人[23],这一遗骸的类型处于海德堡人与尼人和丹人之间。在其基因组中,没有发现与现代人有交集。尼人是最早成功检测基因组的古代人类,将3万多年前的尼人基因组与现代人基因组比较,发现非洲之外的现代人基因组中都有约2%的成分来自尼人[24-28]。证明尼人与现代人有成功杂交,基因流入现代人中。通过对更多的尼人遗骸进行基因组检测,也发现了更高比例的现代人基因在后期流入了尼人基因组中[29-31]。这些研究都证明,尼人与现代人没有生殖隔离,尼人与现代人不存在间断。欧亚大陆东部的丹人的基因组也被做了检测[7],发现在东亚人群中很少保留有丹人基因成分,但是在更早到达远东地区的新几内亚和澳大利亚原住民中却发现了7%上下的丹人基因成分[32,33]。这说明丹人与现代人也没有生殖间断。既然这两种主要的早期智人与现代人都不存在生殖间断,那么早期人类学家从形态特征判断这些类群属于同一个智人物种的论断,就是符合科学事实的,我们完全应该接受这种分类方法。

与早期智人相反,在现代人的基因组中找不到任何欧亚大陆直立人的基因痕迹。所以直立人与智人是有间断的,属于不同的物种。

正确使用名称的益处

总体而言,中国学术界对人类物种的分类和命名规范比较重视,科普作品也一直严格遵守学术规范,较早的科普作品中也一直把人属的物种分为猿人、古人、新人三大类[34],并不滥用智人这一名词。1978年以后的大多数的作品中,直接使用早期智人与晚期智人,用以替换古人与新人这两个名词,明确两者都属于智人物种范围,包括贾兰坡、吴汝康等著名人类学家的作品中都严格遵守这一规范[35-37]。上海自然博物馆1980年出版的画册《人类的起源》是一部传播很广、影响较大的科普作品,其中也明确使用早期智人与晚期智人概念[38]。所以在20世纪七八十年代,中国科学爱好者对智人与现代人的概念区别是相对比较清晰的。在中国的学术论著中,规范使用概念的传统坚持至今。比如李辉和金力于2015年发表的论著中,更明确地指出智人物种包括海德堡人、尼安德特人、丹尼索瓦人、罗得西亚人、现代人等亚种[39]。这些都有益于大众了解相关知识。

学术界和科学教育、科普领域准确使用名称,有利于科学知识的传播,反之,则容易造成麻烦。世界范围来看,在20世纪90年代的学术论文中,言及进化过程,以智人名称代替现代人的现象十分常见[40-42],且尼人的学名仍会用 *Homo neanderthalensis*[43]。甚至《科学》与《自然》这样的顶级学术杂志也同样有这种误用现象[44-46]。例如,1994年《自然》上发表的《中国境内智人年代久远》(Antiquity of *Homo sapiens* in China),实则是在论述现代人出现时间较早[45]。有的文章中甚至智人与现代人两个名词混用,同指一个对象[46]。这种名词误用现象绝不仅限于古人类学研究论文,在分子人类学论文中也很普遍,不少通过线粒体[47]或Y染色体[48]追述现代人非洲起源的论文会用智人一词代替现代人。当然,这一名词的误用在学术研究领域其实并未影响科学研究的进展,因为在每一篇论文中,根据上下文描述,并不难理解文中所述是智人还是现代人。这或许是许多学者不重视名词规范的原因。但是，这种不规范性在科学传播中造成了普通公众的概念混乱与理解困扰，特别是对于人类起源这一知识点，大多数人很难分清人属的起源、智人物种的起源与现代人亚种起源这三个完全不同的问题。

例如，几年前，河南许昌人[49]的发现和研究引起了媒体与公众不少的关注。大量媒体的报道都指向许昌人的发现挑战了智人的非洲起源说，认为许昌人与尼人、北京猿人、现代中国人都有着相似处，所以可能有着来自本土直立人（旧称猿人）的成分，从而支持智人的本地起源说。实际上，所谓智人的非洲起源说，在学术界并没有形成争议热点，学术界长期争议的是"现代人"的非洲起源说与本地起源说。现代人是晚期智人，而许昌人属于早期智人，因此许昌人的起源是与"现代人"起源完全不同的科学问题。

科学名词体现了名词对应的事物及其相互间的联系，从中可获得相应科学知识，习得科学规律与逻辑。准确使用科学名词，严格区分智人物种和现代人亚种的概念，有助于更好、更正确地理解人类自身的自然历史。

第四章
当语言遇上基因:东亚的人类起源与族群演化

我们已经很明确地告诉大家,现在全世界的人类都属于智人(*Homo sapiens*)物种的现代人(*Homo sapiens sapiens*)亚种。这一亚种大约20万年前起源于非洲东部,在6万多年前绕过红海走出非洲,渐渐散布到世界各地。由于旧石器时代的地理隔离,为适应不同的气候环境,演化出了8个地理种。在冰川期结束以后,地理隔离渐渐打破,人群再次迁徙,使得地理种的分布渐渐交错。其中4个地理种在东亚有分布,按到来顺序依次为:远东沿海环境的澳大利亚人种、东南亚雨林与青藏高原的尼格利陀人种、东亚季风平原的蒙古利亚人种、西亚和中亚草原的高加索人种。这4个地理种在东亚渐渐融合起来,又在新石器时代以来的文明演化过程中形成了多个语系群体。东亚有汉藏、侗傣、苗瑶、南亚、南岛、阿尔泰和印欧等7个语系的200多种语言。这使得东亚成为世界上研究人类进化、遗传多样性和基因与文化相互作用的最重要区域之一[1]。

东亚人起源

在过去数年中,分子人类学的研究者们使用常染色体和X染色体、父系Y染色体、母系线粒体等遗传标记体系来解析东亚人群的遗传多样性。常染色体和X染色体遗传自父母双方,会被重组所打乱,而Y染色体上主干的非重组区呈严格父系遗传,并且理论上Y染色体的"有效群体大小"至多为常染色体的四分之一。不过实际上,由于人类社会长期的男性生育权不平等,使得这个数值接近于四百分之一,所以Y染色体对漂变非常敏感,容易形成群体特异性多态标记,在群体之间差异最大,从而包含更多的关于群体历史的信息。Y染色体的这些特点使其成为研究人类进化和迁徙最强有力的工具之一[2,3]。

Y染色体进入人们的视野,始于其在追溯现代人起源上的应用。自20世纪90年代以来,人类学界争论最激烈的话题,就是东亚地区现代人的起源问题。由于东亚出土了大量的古人类化石,一些人类学家认为,东亚地区的人类是本土连续进化的,从而支持全球现代人的多地区起源。直到现在,还有部分学者和大量民众认为,中国早期的各种古人类化石都是现代中国人的祖先留下的。特别是一些变异非常丰富的早期智人的化石,经常会表现出与现代人非常相似的特征。但是,外形相似并不等于亲缘关系相近,亲缘关系是必须通过DNA比对来确定的。就像现代社会的亲子鉴定原则,不可能通过长相分析亲子关系,必须经DNA分析以后才能真正确定。中国人是不是与世界其他人群不一样，其他人群都是非洲早期智人进化成的现代人，而中国人来自东亚的直立人？这必须经DNA鉴定才能判断。因此，我们有必要简单回顾一下东亚人群起源的DNA研究历史。

其实1987年“线粒体夏娃学说”发表的时候，世界线粒体谱系树中就包含了中国样本，很明确位于非洲起源的进化树上。不仅母系的“夏娃”如此，父系的“亚当”也是同样的。1999年，宿兵等人[4]采用Y染色体非重组区的19个SNP来研究东亚人群，得出结论为，东亚地区现代人起源于非洲，并由南方进入东亚，而后向北方迁。但是，有没有可能在中国保存了少量东亚直立人的后裔，只是采样太少而被遗漏了？于是，复旦大学的团队扩大了采样范围，2000年，柯越海等人[5]对东亚地区12 127份男性随机样本的Y染色体进行SNP分型研究。这些样本包括所有的语系、大部分民族，甚至极其偏远的隔离群体，从东南亚的热带雨林一直到北极冰天雪地中的楚科奇村落。如果这样大规模的采样调查都没有发现东亚直立人后裔，那么被遗漏的概率就只有六百亿分之一了，也就是基本不可能存在了。非洲起源的最典型标记是Y染色体突变M168，这个标记被认为是约6.4万年前现代人走出非洲时所产生的突变，其原始型仅出现在非洲的撒哈拉以南人群中，除非洲以外的人群都是突变型。柯越海等人的研究虽然没有直接检测M168这个突变，但他们检测了M89、M130和YAP这三个M168下游的突变，有这三个突变之一的个体，必然有M168突变。结果显示，这一万多份样品无一例外都带有M89、M130和YAP三种突变之一,也就是说都是M168突变型。M89突变在东亚形成的Y染色体类型(单倍群)主要是O型和N型,还有一些旁支类型。M130形成的单倍群是C型,YAP形成的是D型。尽管现在来看,东亚现代人或许与一些古人种有少许基因交流[6-8],但从父系角度看,现存的东亚人群都是现代人走出非洲的后裔,这是支持现代人非洲单一起源的强有力的遗传学证据。

解决现代人从哪里来这个问题之后,接下来就要回答早期现代人是如何迁徙来到东亚的。

人群的迁徙和分布与气候的变迁有着密切的关系,为便于从不同角度探索和认识人群演变规律,这里介绍一些近10万年来的气象学材料。在距今约11万~1万年,也就是考古学上的旧石器时代到中石器时代,地球处于末次冰期[9],那段时间,海平面远低于现在,现在的许多岛屿与大陆相连,成为人类迁徙的重要通道。始于距今2.65万年终于距今2万~1.9万年间的末次冰盛期,是末次冰期中气候最寒冷、冰川规模最大的时期,亚洲的绝大部分、北欧和北美都被冰雪覆盖,人类的生存空间也随冰川蔓延而逐渐缩小。大约1.5万年前,气温开始转暖,冰川开始退却,到1.2万年前气候基本回升到现代的水平,现代人才迎来了人口扩张的黄金时期[10-11]。

单倍群O与东亚人群的南方起源

从地理上看，东亚与欧亚大陆其他部分隔着高耸的喜马拉雅山脉和青藏高原，早期人类的大规模迁徙不太可能选择横穿青藏高原，更可能通过高原的南北两侧，较容易地进入东亚。所以，人类进入东亚只能有两个入口：南方的横断山区，北方的阿尔泰山区。不同的人种不一定选择同样的道路。现阶段比较一致的看法

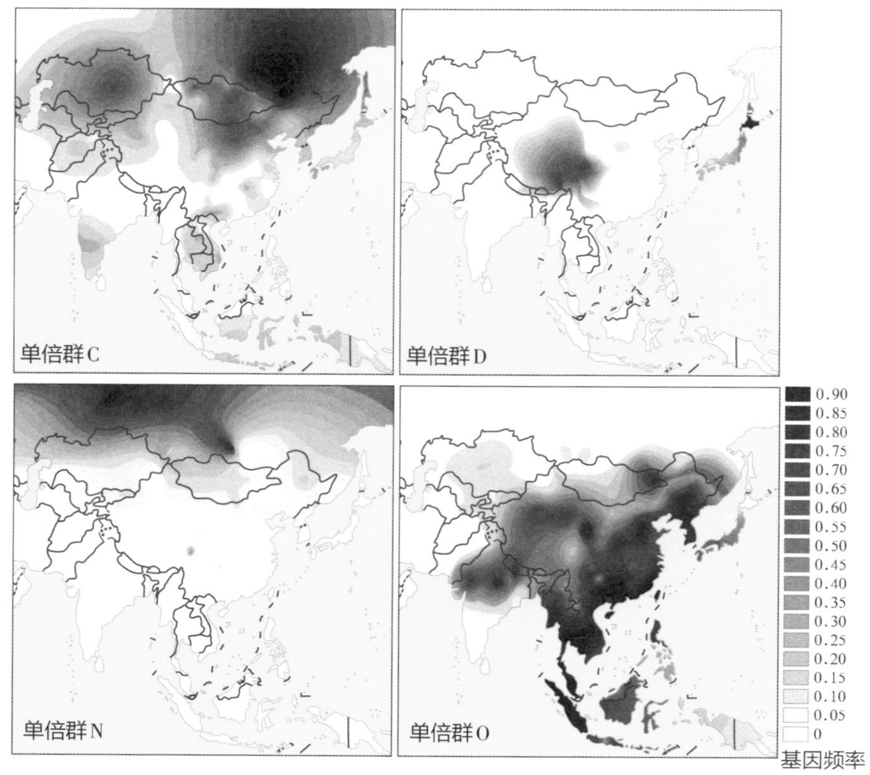

图4.1 Y 染色体主干单倍群C、D、N和O在欧亚地区的地理分布。颜色越深，表示在人群中所占比例越大。

是，东亚的四个人种中，东亚的高加索人种类型来自西北[10,12]，澳大利亚人和尼格利陀人来自东南[4,10]。最具争议的还是蒙古利亚人来自哪里。早期的人类学家提出三种可能的模式：(1)蒙古利亚人由北向南迁徙，与东南亚和中国南方的尼格利陀和澳大利亚人种混合；(2)蒙古利亚人来自南方；(3)北方人群来自北方，南方人群来自南方，自一万多年前的晚更新世以来，蒙古利亚人在南北方共同进化[13]。要解决这一争议，Y染色体是关键、有力的工具。

Y染色体可以分为20种主干单倍群，编号从A到T(P非常罕见，偶见于古代遗骸中)，其中M89之下的O-M175和N-M231、M130定义的C-M130、YAP下的D-M174是东亚四个主要单倍群，约占东亚全部男性的93%(图4.1)。其他单倍群，例如M89下的G-M201、H-M69、I-M170、J-P209、L-M20、Q-M242、R-M207和T-M70，以及YAP下的E-SRY4064，仅占东亚男性的7%[12]。

O-M175是东亚最大的单倍群，约75%的中国人以及超过50%的日本人都可归到这一类型下，因此有理由认为它代表着蒙古利亚人，是蒙古利亚地理种演化过程中漂变形成的单倍群。O-M175分出三个主要的下游单倍群O1a-M119、O2-M268以及O3-M122，这三个单倍群约占东亚男性的60%[14,15]。国际Y染色体命名委员会规定，单倍群的一级编号是固定的，次级编号需要随着谱系树结构的细化而调整，因为发现O1和O2有共同的特有突变而关系更近，所以新的系统中把它们定义为O1a和O1b，把O3改为O2。但是因为长期以来都用O1、O2、O3来分析讨论东亚族群演化历史，所以本书中就沿用原有名称以方便阅读。O1a-M119在中国东南沿海、侗傣族群、台湾原住民、南岛语人群中集中分布[16]。O2-M268在汉族中约占5%以上[14]，O2a1-M95是O2下的主要支系，在华南、南方少数民族、中南半岛及印度门哒人群中分布较多[16,17]。O2b-M176是O2下的另一支系，主要集中于朝鲜半岛、朝鲜族和日本弥生系人群，越南人和汉族中也有极少量分布[18,19]。O3-M122是中国最常见的单倍群，遍及整个东亚和东南亚，占汉族50%~60%。O3a1c-002611、O3a2c1-M134和O3a2c1a-M117是O3下的三个主要支系，各占到汉族的12%~17%。O3a2c1a-M117在藏缅族群中也有较多分布。O3下的另一支系O3a2b-M7在苗瑶人群和孟高棉人群中高频出现，但在汉族中不足5%[14,15]。所以，通过观察Y染色体O单倍群各个亚型的分布，可以发现，Y染色体与语系人群明显相关，而且各个语系从Y染色体多样性角度体现出不同的亲疏关系。

宿兵等[4]在亚洲大范围群体样本中对包括M119、M95和M122在内的19个Y染色体SNP位点以及3个STR位点进行了检测。在随后的主成分分析中，北方人群紧密聚在一起，且被包含在南方人群的聚类簇之内，南方人群比北方人群多样性高。他们认为，北方人群来自旧石器时代定居南方的南方人群。他们还使用STR位点的一步突变模式和0.18%突变率估算O3-M122这一单倍群的时间为6.0万~1.8万年前，这一时间可能反映的是最初定居东亚的瓶颈时期。2005年，石宏等[15]对东亚多个群体的2000多个O3样本进行了更系统的研究，也发现南方群体中O3-M122的多样性高于北方，支持O3-M122的南方起源。他们进一步使用均方差(ASD)方法和STR的进化突变率(每位点每25年0.000 69)[20,21]估算O3支系北迁的时间为3.0万~2.5万年前。2011年,蔡晓云等[22]对东南亚的孟高棉族群、苗瑶族群中的O3a2b-M7和O3a2c1a-M117进行了系统研究,揭示其在约1.9万年前末次盛冰期经由东南亚进入东亚的单向瓶颈扩散[22]。O3下的另一主要支系O3a1c-002611的STR位点多样性也与其他兄弟支系一样,有着大体上自南向北递减的趋势[23]。总体来看,绝大多数证据都支持Y染色体单倍群O3-M122经由南方路线进入东亚并逐渐向北扩散的观点(图4.2)。

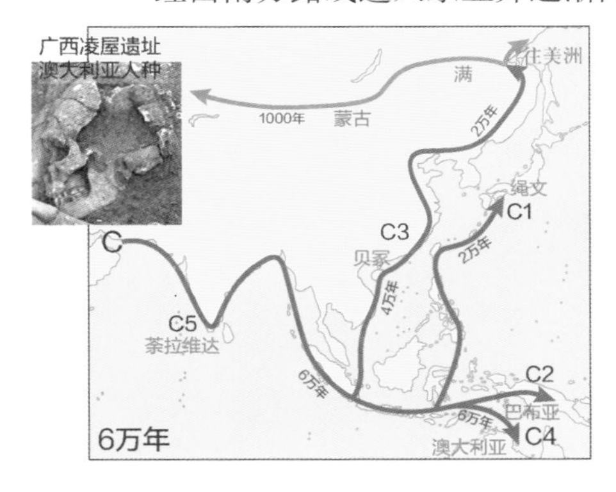

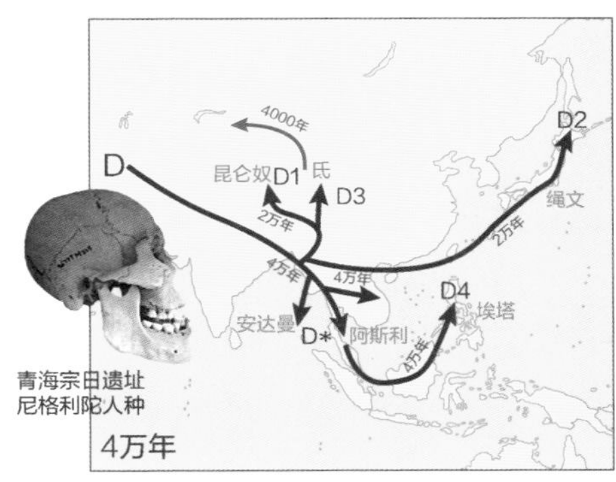

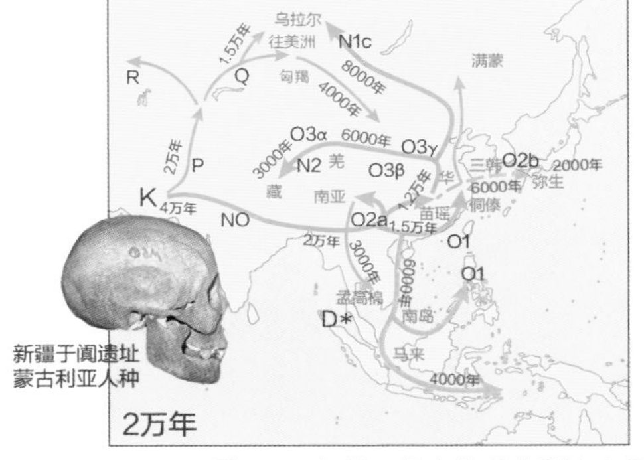

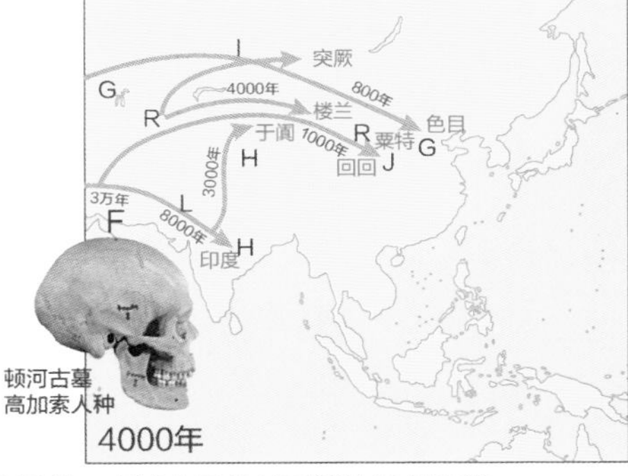

图4.2 各类Y染色体单倍群在东亚的迁徙。虚线表示另外可能的迁徙路线。

单倍群C与东亚最早的定居者

东亚的特征单倍群O-M175的产生时间,由足够多的STR的位点估算下来,很可能不超过3万年,因此单倍群O人群很可能根本不是东亚最早的定居者。单倍群C-M130人群却极可能是最早到达东亚的人群。单倍群C从阿拉伯半岛南部、巴基斯坦、印度、斯里兰卡、东南亚、东亚、大洋洲到美洲都有分布,尤其在远东和大洋洲高频分布,但在撒哈拉以南的非洲没有被发现(图4.1)。C下游的分支,例如C1-M8、C2-M38、C3-M217、C4-M347、C5-M356和C6-P55,都有着区域特异性分布[24]。C3-M217是分布最广的支系,在蒙古和西伯利亚群体中最高频出现。单倍群C1仅在日本人和琉球人中出现,但频率很低,不足5%。单倍群C2出现在从印度尼西亚东部到波利尼西亚的太平洋岛屿人群,尤其是在波利尼西亚的一些群体中,且由于连续的奠基者效应和遗传漂变而成为上述地方的特征单倍群[19,25]。C4几乎仅局限在大洋洲的澳大利亚原住民中。C5在印度及其周边的巴基斯坦和尼泊尔等地低频出现[26,27]。C6则仅出现在新几内亚高地上[28]。单倍群C的分布模式说明了这个单倍群很可能是在亚洲大陆起源,且那时还没到达东南亚。

为更清楚地说明单倍群C的源流,钟华等[24]对取自东亚和东南亚140多个群体的465个单倍群C的样本,检测了C内部的12个SNP和8个STR位点。他们发现,C3的STR多样性最高出现在东南亚,且呈自南向北、自东向西递减的趋势,ASD方法估算时间落在距今4.2万~3.2万年间,这表明旧石器时代C3是沿海岸线逐渐向北扩张的(图4.2)。单倍群C很可能在6万年前就已到达东南亚和澳大利亚,比其向北扩散的时间要早得多,这也就是说,单倍群C在蒙古利亚人(单倍群O)到来之前就已在东亚生活了数万年。经过如此长的时间,单倍群C的人群或已与蒙古利亚人有着不同的体质特征。因为现在单倍群C的人群多有着澳大利亚人的体质特征,例如澳大利亚原住民、巴布亚人和一些达罗毗荼人的体质特征,所以我们认为,单倍群C是由具澳大利亚人体质特征的人带来的,他们达到远东的时间要早于其他现代人。北京周口店出土的一万年前的人骨就有着澳大利亚人的体质特点,或也支持澳大利亚人是东亚最早定居者的观点。

单倍群D是东亚的黑人遗存

最具神秘色彩的是Y染色体单倍群D的迁徙历史,迄今为止我们仍对此知之甚少。单倍群D是从非洲的DE-M1(YAP插入)单倍群衍生出来的,很可能与矮黑体质的尼格利陀人相关联。单倍群E是D的兄弟支系,E随着大黑人西迁非洲,D则可能由小黑人东迁带到东亚。

单倍群D-M174在安达曼尼格利陀人、北部藏缅群体和日本的阿伊努人中高频分布,在其他东亚、东南亚和中亚群体中也有低频分布(图5.1)[17,19,29,30]。D下分D1-M15、D2-M55和D3-P99三个主要支系,还有许多未明确定位的小支系。D1在藏族、羌语支和彝语支人群中广泛分布,在东亚其他群体中也有低频分布[31,32]。D2仅分布于日本,占日本40%以上,是上古绳文人的主要成分。D3在青藏高原东部（康区）、白马人及纳西族等群体中高频分布[31]。D1—D3之外的D型（以D*表示）多在安达曼群岛被发现[30]，且已被隔离了至少2万年。其他一些被包含在D*中的小支系也多分布于西藏周边藏缅语人群、东南亚人群，阿尔泰人中也有少量来源不明的D*。这些D*的内部谱系需要详细调查分析。单倍群D高频人群的肤色大多较深，包括安达曼人、一些藏缅人和孟高棉人等。阿伊努人肤色变白可能是为了吸收更多紫外线以适应高纬度地区生存。

对于单倍群D的起源，钱德拉塞卡（A. Chandrasekar）等认为CT-M168在南亚分出了YAP插入和D-M174突变，因为他们在印度东北一些族群中发现有YAP插入，而在安达曼群岛上检测到了M174突变[33]。这样来看，同样带有YAP插入的E单倍群也很可能是亚洲起源，但没有证据进一步支持。如果单倍群D诞生于非洲，那非常有趣的是它是如何随着总单倍群C和F的群体来到东亚的？

另一不可思议的是单倍群D是如何由东亚的西南角一路到日本的。它可能通过东亚大陆北上，也可能经由巽他大陆，但穿过东亚大陆似乎更近。石宏等人推论单倍群D北上扩张到中国西部的时间约在6万年前（ASD方法），要早于东亚其他主要支系的迁徙。随后，这一先头部队可能通过北向路线经由朝鲜半岛到达日本列岛，或者通过南向路线经由台湾岛和琉球群岛所形成的大陆桥到达日本列岛，这一过程中他们可能与澳大利亚人相遇过。后来，单倍群O的北上以及新石器时代汉族扩张，单倍群D的主体人群可能就被挤出了中国东部[31]。但是无论是遗传学上还是考古学上，都没有任何证据表明D2或尼格利陀人曾到过中国大陆东部。相反，从马来半岛到波利尼西亚的巽他大陆至今仍有大量的尼格利陀人。尼格利陀人或许在旧石器晚期占据了整个巽他大陆。那么，这些人群可能直接从菲律宾群岛到台湾岛和琉球群岛。唯一难以解释的是在菲律宾群岛的尼格利陀人中从未发现过D的存在，他们的父系或许已在约1.8万年前（BATWING方法）被来自巴布亚岛的C2和K的扩张所取代[34]，当然也可能被非常晚近时期来自东亚大陆的单倍群O所替换[35]。因为相关数据不足，东亚的黑人遗存——单倍群D的源流还远未揭开。

单倍群N与乌拉尔语系人群的北上

单倍群O的兄弟支系是单倍群N-M231，单倍群N在欧亚大陆北部，尤其是包括芬兰、乌戈尔、萨摩耶德和尤卡吉尔等分支的乌拉尔语人群，以及阿尔泰语人群和因纽特人中高频分布，它还低频出现在东亚内陆（图4.1）[29,36]。对于单倍群N的详细分析显示，N在东欧的高频分布是缘于很晚近的迁徙，这次迁徙从1.4万~1.2万年前（ASD方法）开始，由内亚/南西伯利亚出发，走一条逆时针的北部路线[36]。N的下游分支N1a-M128低频分布于中国北部一些群体，例如满族、锡伯族、鄂温克族和朝鲜族，以及中亚的一些突厥语族群中。另一分支N1b-P43在北部的萨摩耶德人中广泛分布，也在一些乌拉尔人群和阿尔泰人群中呈低频或中频分布，N1b在1.8万~1.6万年前诞生于西伯利亚[37,38]。频率最高的下游单倍群

N1c-Tat,可能在1.4万年前起源于中国西部地区,然后在西伯利亚经历多次瓶颈效应,最后扩散到东欧和北欧[36]。这些研究把单倍群N的起源追溯到中国西南或东南亚。实际上,我们的研究数据显示,N的大量最原始类群存在于汉族群体中,东南亚和北欧的类型分别是从汉族的类型中衍生出来的。单倍群N的人群艰苦跋涉由东亚穿越大陆一直到北欧,谱写了壮丽的迁徙史诗。

基因上汉族与乌拉尔语系人群有这么紧密的联系,说明了两个族群历史上一定有亲密接触。目前分析东亚民族起源时期的各个考古遗址中Y染色体分布情况,发现N的扩张源头应该在辽宁西部。辽西在近3万年前就成为细石器文化的一个源头。大约8200年前开始出现精细的玉器,进入最早的新石器时代文化——兴隆洼文化。大约7200年前进入了赵宝沟文化,飞鹿纹等文化特征呈现出非常浓郁的乌拉尔民族特色。大约6400年前,赵宝沟文化被红山文化取代,汉文化的基本要素(龙凤、冠冕、岐黄)都出现在红山文化中。这一系列考古文化中发现的人类遗骸,经过基因检测发现,大多数Y染色体类型是N。说明这里最有可能是乌拉尔族群的发源地。而从红山文化开始,高等级墓地中的人骨检出的都是O3类型,是汉族的主体类型。这说明红山的上层阶级来自华北的磁山文化人群,进入辽西与赵宝沟人群混合以后,开始孕育形成最初的汉族。所以汉族中有乌拉尔族群特色的N单倍群,汉语中也有大量乌拉尔语系同源的词汇。汉语一直被认为是一种混合语,虽然历史上汉语曾经吸收了苗瑶语、侗傣语、阿尔泰语甚至印欧外来语的大量词汇,但是混合语所指的并非这些晚期的混入词汇。汉语与藏缅语分开,其起源上可能就是原始汉藏语与原始乌拉尔语的混合。研究乌拉尔语的学者高晶一发现,汉语中的很多词汇都是双套的,有俗言和雅言两种说法,俗言来自乌拉尔语,雅言来自汉藏语。例如"爷娘"来自乌拉尔语,"父母"来自汉藏语,"家"来自乌拉尔语,"宫"来自汉藏语。这是一个非常重大的发现,很出乎意料。因为乌拉尔语系地理分布上与汉语太远,以往的语言学家研究汉语混合起源时从未想过,直到现在很多语言学家还不敢相信。但是,远古人类迁徙的距离本就是很惊人的,不然人类也不可能从非洲到达南美。2019年,复旦人类学系的张梦翰在《自然》上发表了汉藏语系语言谱系树构建的文章,认为汉语和藏缅语有两次分化,分别大约是距今6000多年和5300年。6000多年前,正是红山文化形成的年代。而5300年前,是红山文化南下、中原的仰韶文化西迁的年代。

单倍群N的迁徙史为东亚人群南方起源提供了又一项强有力的证据。然而仍有一些研究在质疑南方起源。卡拉费特(T. M. Karafet)等对来自东亚和中亚地区的25个群体的1300多份样本进行Y染色体分型研究,他们发现各单倍群间的两两差异在东亚南部是非常小的,且东亚南北群体之间并未发现遗传分化[29]。薛雅丽等[39]使用贝叶斯全似然法,分析取自中国、蒙古、韩国和日本的27个群体近1000份样本的Y染色体45个SNP和16个STR位点,发现东亚北方群体的Y染色体的STR多样性要高于南方,北方群体的扩散要早于南方群体[39]。但随后石宏指出,卡拉费特所观察到的北方群体的高多样性应是由近期的人群混合造成的，薛雅丽等的分析结果也存在这一问题，即蒙古族、维吾尔族和满族的基因多样性高，应是他们与西方人群及汉族大规模混合的结果。历史上汉族的南迁，使得中国南方的人群被替换，也降低了中国南方的多样性[40]。另外，薛雅丽等所选取的南方群体代表性不够，长期地理隔离所造成的群体内部的瓶颈效应或对基因多样性的估算有较大影响[31]。

后续的争论就集中在如何辨析中亚和欧亚西部人群对东亚的基因贡献。钟华等[13]对117个群体的近4000份样本的Y染色体进行高分辨率的分型判断，以试图阐明这一问题。在钟华等的研究中，单倍群O-M175、C-M130、D-M174和N-M231仍显出了南方路线基因贡献较大。然而，与中亚和欧亚西部相关的单倍群，例如单倍群R-M207和Q-M242，多在东亚西北地区出现，且它们的频率自西向东有递减的趋势。另外，单倍群R-M207和Q-M242的Y染色体STR多样性也提示了北方路线存在的可能性，即可能存在1.8万年前人群由中亚到北亚进行迁徙，以及沿丝绸之路的人群3000年前开始的频繁流动和混合。

第十棵进化树：东亚民族聚合

进入东亚的数支现代人约5万年前以来在各地散布开来，在冰期过着原始的狩猎采集生活。约1.2万年前冰期结束，温带动植物开始繁盛，人类食物来源增加，人口大幅增长。增长的人口积累了技术与文化，各地很快发明了农业。一万多年前，中国南方沅江流域、钱塘江流域的人们驯化了水稻，北方桑干河流域的人们驯化了小米。农业给人们带来相对稳定的食物来源，分散的人群向农业核心聚合，在各个区域形成了人群、语言、文化的稳定共同体。所以，早期的民族、语系与考古区系是对应的。

汉藏语系起源于桑干河流域的磁山文化及上游大同境内的前体人群，之后南北分化为仰韶文化与红山文化。苗瑶语系起源于湖广地区的高庙文化。南亚语系可能起源于四川盆地。南岛语系起源于江浙早期的马家浜文化。侗傣语系起源于江浙稍晚的良渚文化。芬兰-乌拉尔语系起源于辽西的赵宝沟文化。由于气候变动，人群迁徙，族群之间发生了竞争，造成了融合与外迁。早期外迁的南岛、南亚、古亚、芬乌等族群的文化渐行渐远。而长期在中

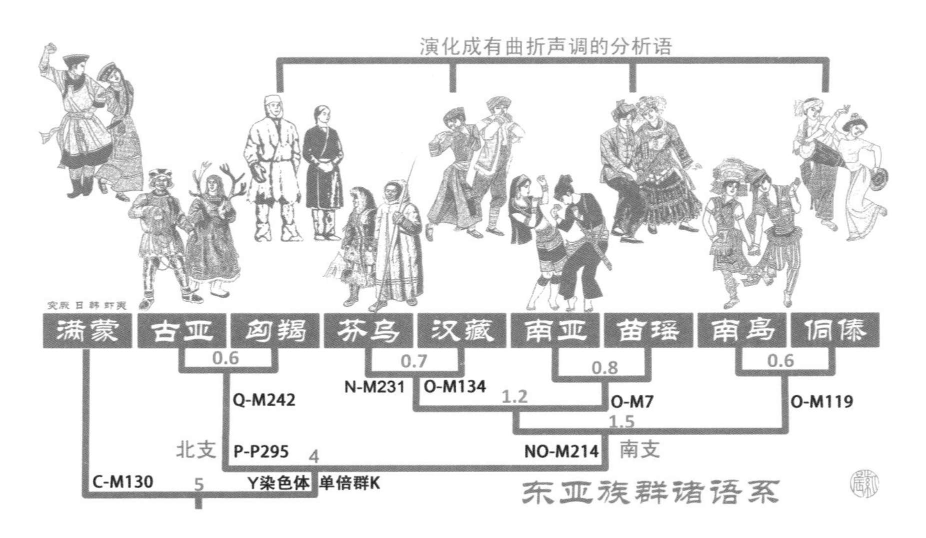

图4.3　第十棵进化树——东亚族群演化。图中数字表示距今万年数。

国内地的汉藏、苗瑶、侗傣、匈羯等族群语言发生大量交融,从周代至汉代,演化出了声调,变成了无需时态语态的分析语。

语系、考古文化与遗传结构的关联

东亚语言间的演化关系,虽然比非洲和西亚要复杂一点,但是比美洲和大洋洲的情况要简单得多,而且东亚的语言学调查和研究做得非常细致。不过,东亚语系划分问题,至今国内外争议颇多,这可能是因为在具体语系划分时没有执行相对统一的标准。两个语言类群分化超过多久可以算作不同语系,这应该有一个相对统一的标准。目前较为一致的看法是:两个语言类群分化超过8000年,其间的相似性就难以判别了,如果超过一万年,可能就完全看不出关系了。8000年这个标准年代,应该是一个很有意义的年代,因为这是新石器时代和农业全面开始的年代。以此为语系划分的标准,也就是说语系是新石器时代人群文化区系集中的结果。那么,不同的语系势必追溯到不同的新石器时代文化区系。反过来说,如果没有独特的新石器文化,语系就没有时空来源。所以语系必定有着承载它的人类群体以及造就它的新石器文化区系。遗传学的人群区分和年代计算、考古学的区系文化比较,在语言学的语系演化的研究中应该起到重要的作用。

从遗传学的分析结果,特别是Y染色体精细分型数据来看,东亚的各个语言类群的人群之间的分化年代已经比较清楚了。汉语族和藏缅语族的分化年代大约是5000~6000年,也就是在8000年之内,所以支持汉藏语系的概念。汉语族与乌拉尔语系分化略超过8000年,毫无疑问是不同的语系,即便还有些许同源词。汉藏与苗瑶之间的分化超过1.2万年,就支持把汉藏语系与苗瑶语系分开。而侗傣与前二者的分化年代超过了1.5万年,更加支持其独立的语系地位。后期的语言接触造成的语言相似性应该是被排除在语系划分所考虑的因素之外的。所以历史上汉藏南迁造成的苗瑶、侗傣与汉藏之间语言的诸多相似性,不能用以支持三者的合并。侗傣与南岛的人群之间仅有大约6000年的分化,其语言间的同源词也比较清晰,按此标准可以作为一个语系,不过两者在类型学上差异过大,是分是合可以进一步讨论。

考古文化区系与语系起源的对应关系,也可通过遗传学的古DNA分析来确认。对良渚文化区系的人骨进行DNA检测,检出高频的Y染色体O1单倍群,与侗傣和南岛语的族群高度一致。从5900年前的崧泽文化开始,长江下游的人群开始受到中华文明的影响,这体现在八角星纹等符号的传播上,侗傣族群和南岛族群的祖先可能就此开始分化。南岛族群的祖先或许就是分布于闽粤台的大坌坑文化人群。长江中游的大溪文化区系中检测出了高频的Y染色体O3-M7单倍群,这又与现代的苗瑶族群高度一致。黄河中下游地区有两个文化区系:西边的仰韶和东边的大汶口-龙山。这两个区系的边界在不断地往西推,从最早的河南-山东边界,渐渐到达陕西–河南，最后到达甘肃青海–陕西。仰韶文化退到了藏缅族群的分布区，龙山文化彻底占据中原，融合部分仰韶文化的因素。这可能体现了汉语族和藏缅语族先民早期的冲突和互动。龙山文化是一种大融合的文化，可能是成熟的汉语族先民的文化。从4600年前开始，龙山文化人群在西进的过程中，人口上吸纳了仰韶的居民，文化上与之同化。而拒绝同化的部分仰韶先民只能向西退到甘青地区，成为藏缅语族的人群。造成的效应是，现代的藏缅语族人群和汉族，在语言的多样性上是西高东低，在遗传的多样性上是东高西低。这种相反的结构，只能用前述的过程解释。龙山文化的遗骸检测出高频的Y染色体O3–M122（F11）和O3–M134，与现代汉族的遗传结构吻合。

单一学科的研究，必然是片面的。语系起源的问题，也是语系使用者起源的问题，区域文化凝聚和发展的问题，需要语言学、遗传学、考古学共同发力，多角度解析，才能最终看清其全貌。

用语言和基因解析匈奴来源

对于东亚现存的民族，可以很容易地研究他们的语言和遗传，分析他们的起源和归属。对于古代族群，也可以结合历史学、考古学，从语言学及遗传学的角度进行探索。有些古代族群的记录比较详细，所以容易研究，例如，吐蕃是藏族的祖先，东胡、鲜卑、契丹都属于阿尔泰语族群，与蒙古族关系密切。而对有些族群的研究，困难较大，例如，古代东胡的死敌、汉族曾经最大的威胁匈奴到底是一个什么民族，是谁的祖先，在学术界就争议不休。2019年，在蒙古召开了世界匈奴后裔大会，与会者表示，阿尔泰语系、乌拉尔语系甚至印欧语系的很多民族都有人自称是匈奴后裔。这到底有没有根据？

匈奴历史变迁

匈奴是一个曾在我国北方生活的游牧民族，其统一政权大约兴起于公元前3世纪（战国时期），衰落于公元1世纪（东汉初）。由于匈奴自战国时期至东汉初与中原时有往来，我国古代史料中保留了部分关于匈奴的史料[41]。荤粥、猃狁等名称很可能是匈奴一词的不同音译。根据史料记载，匈奴民族的起源、变迁、灭亡等过程从史前一直持续到南北朝。

匈奴的原始祖先很可能是来自漠北的某支北亚蒙古利亚人种的居民，迄今为止发现的是，石板墓文化与匈奴主体民族有着最为接近的血缘关系[41]。在蒙古草原，目前所知规模最大、时代最早的匈奴墓是在呼尼河谷发现的[41]。呼尼河（Khunui-göl）（或译为呼奴伊河），即为“匈奴河”，疑即《汉书·西域传》提到的“匈河水”。呼尼河畔是早期匈奴统治集团的中心所在，这里最有可能是匈奴人的原始故乡[42]。阴山南北农牧交错地带是“匈奴原始人群”向“匈奴民族”过渡的重要转折点[42]。匈奴王朝的发祥地在内蒙古河套及大青山一带，匈奴第一个单于头曼单于的驻牧中心及以他为首的匈奴部落联盟的政治统治中心在五原郡稒阳县（今内蒙古包头市东）[41]。至头曼单于之子冒顿单于时期，匈奴灭东胡，征西嗕，西击月氏，南并楼烦、白羊河南王，北服浑庾、丁令、坚昆、薪犁，西北平定楼兰、乌孙、呼揭，南西伯利亚至阿尔泰山的乌兰固木、塔加尔、巴泽雷克地区均在这一时期为匈奴征服，最后形成了冒顿单于时期的匈奴疆域[41,42]。这是匈奴最强盛的时期，其势力东至辽河，西及葱岭，北抵贝加尔湖，南达长城[42]。

之后，匈奴与中原时战时和。西汉武帝时期，匈奴因战败远撤王廷，迁至漠北[41]。时至东汉，匈奴因内乱分化为南北匈奴两部分，南匈奴内附于汉，北匈奴则自公元91年后，向西逃遁，开始西迁[43]。

北单于逃亡后，漠北出现了混乱局面[42]：北单于弟左谷蠡王於除鞬退至蒲类海（巴里坤湖），归附汉朝；北单于远走乌孙，后至康居（今中亚哈萨克斯坦东南部）；残留漠北的群体后来加入鲜卑，鲜卑中的宇文部，就由加入鲜卑的匈奴部落中的宇文部落演变而来；还有一部分始终留在漠北西北角，至公元4世纪末5世纪初，力量还相当强大，直至柔然兴起才被吞并。

北单于一支远走乌孙、康居，灭阿兰聊国（奄蔡），后不见于我国史料记载。目前发现的匈奴遗存从西汉时期开始，自东向西，沿巴里坤—吐鲁番—和静—哈萨克斯坦分布，越往西，年代越晚，因此可以将这条路线推测为匈奴人西迁的路线[41]。之后西方史料中出现一支匈人，在阿提拉时代（约公元5世纪中叶）于多瑙河东平原（今匈牙利境内）建立王廷，称为匈人王国，但尚未确定匈人与匈奴的关系。

在汉代内迁后的南匈奴，在魏晋南北朝时期建立了多个政权。公元304~329年，南匈奴与屠各胡在山西和陕西建立了汉（前赵）政权。公元401~460年，临松卢水胡在今甘肃河西走廊建立北凉政权。还有一支铁弗匈奴，是北匈奴残部与拓跋鲜卑的混合，匈奴父鲜卑母。五胡十六国时期，铁弗改称赫连氏，在统万城（今陕西榆林市西）建立了大夏政权（407~431年）。

关于匈奴语的研究

从语言学方面分析，根据文献资料，《史记》《汉书》中有西汉时期大约190个可能的匈奴语词，《后汉书》中有57个，《晋书》中有31个。通过以上材料，各家学者都提出了各自不同的看法。早期人们认为，匈奴语同斯拉夫语或芬兰-乌戈尔语接近[44]。目前在西方占统治地位的观点是，匈奴语可能与阿尔泰语系突厥语有关。还有学者认为，匈奴语与其他阿尔泰语、伊朗语或者叶尼塞语有关[45,46]。也有学者从匈奴的考古学与人种学角度探索匈奴语言的属性，认为外贝加尔的匈奴主体在语言上更加接近蒙古语，而中亚的匈奴语虽以蒙古语为主，但是夹杂着突厥语的混合语言[47]。白鸟库吉从语源学和音韵学研究出发，考察了17个文献记录中的匈奴词汇，并与阿尔泰语系比较，发现其中存于蒙古语者二，突厥语者二，通古斯语者三，突厥语和蒙古语共通者一，蒙古语和通古斯语共通者四，蒙古语、突厥语和通古斯语共通者五[48]。方壮猷考释了21个匈奴名号，与今土耳其语近似的有11个，与今通古斯语近似的有12个，与今蒙古语相似的有20个[49]。

通过将匈奴语的音韵特点、语词与其他邻近语言进行比较，可以得出以下结论[50]：

1. 匈奴语中声母r和l以及复辅音声母出现的证据，证明匈奴语最不可能是阿尔泰语。

2. 匈奴语与任何一种已知的突厥语或蒙古语都不像。虽然某些匈奴名词（如表“天”“酸奶”“马乳酒”意义的词）能在后来的蒙古语、突厥语或这两种语言中找到痕迹，但这是因为，继匈奴人之后，蒙古人和突厥人主宰中亚草原东部，从而继承了匈奴文化和政治组织形式的一些要素，相应的名称也就继承下来了。

3. 一些意思已知或可推测的词语，可以同叶尼塞语中在意义上接近甚至相同的词语密切对应，如“儿子”“乳”“石”，它们不大可能是叶尼塞语中的借词。

4. 叶尼塞语系的人群可能是匈奴的后裔，是匈奴帝国解体后迁到西伯利亚的，匈奴人一部先迁入北阿富汗和西土耳其斯坦，后又进入叶尼塞河流域[51]。

综上所述，匈奴语与叶尼塞语之间关系似乎更密切。

关于匈奴人在遗传学上的研究

在遗传学上，种族之间有着明显的差异性遗传标记，而民族之间也可以用一些遗传标记进行辨认区别。目前用于民族和种族分析的最佳遗传标记是Y染色体分型。

表4.1 匈奴遗骸的古DNA分析

墓葬名称	时间及事件	样本总数	检测到的Y染色体类型的样本数							
			Q*	Q1a*	Q1a1	Q1b	R1a1	N1c	C*	C3
中国天山巴里坤东黑沟	西汉前期。冒顿单于在蒙古建立了第一个草原王朝	12	2	6	0	4	0	0	0	0
中国宁夏东南部彭阳	春秋战国时期(前770~前256年)。北方各族融合兼并	4	0	0	4	0	0	0	0	0
蒙古北部额金河1号墓地	距今2300年的墓葬，即公元前3世纪前后。匈奴出现	3	1	0	0	0	0	1	1	0
蒙古东北部肯特省德尔利格墓地	距今2000年的墓葬，即西汉末东汉初，汉匈关系恶化，时有征战	2	0	0	0	0	1	0	0	1
中国天山巴里坤东黑沟	东汉时期。北匈奴西迁	1	0	0	1	0	0	0	0	0

从目前的4项研究中看，匈奴人的Y染色体出现了4个类群Q、C、N、R，Q型是自始至终出现最多的类型，其他类型只是偶发。在现代人群中，R广泛分布于中亚、东欧乃至南欧的各个民族中。N集中分布于乌拉尔语系人群中，在北亚和东亚各民族中也有零星发现。C集中分布在蒙古和通古斯民族中。Q是美洲印第安人的主流类型，在北亚也零星出现，但是邻近的叶尼塞语系凯特人的Q比例占到94%[52]。可以推断，北亚地区各语系的人群中，只有叶尼塞语系人群是以Q为主流的，与匈奴数据一致。

匈奴人与叶尼塞语系人群关系的探索

如前文所述，匈奴人与叶尼塞语系人群在语言学及遗传学上都有一定联系。考古发掘也支持类似观点，在南西伯利亚叶尼塞河流域的考古发掘中，发现了3处公元前2世纪至公元1世纪的遗存（表4.2）[53,54]：

表4.2　公元前2世纪至公元1世纪的遗存

地区	出土文物
叶尼塞中西部乌茹尔地区科索高勒(Kosogol)遗址	11件有典型匈奴纹样的透雕铜饰和15个山羊头蟠龙纹铜扣，都埋在一个铜釜中
叶尼塞河西阿巴坎草原	匈奴岩石雕刻，含有汉式建筑材料、包含匈奴遗物和当地原住民文化遗物的宫殿式遗址，即阿巴坎的宫殿建筑遗址
叶尼塞河东的米努辛斯克盆地	匈奴岩石雕刻，西汉匈奴遗存特有的动物纹透雕青铜牌饰、透雕青铜环、勺形带扣等

可以推测，叶尼塞语系人群很有可能是匈奴人向北迁徙的后代。但具体来自哪一支匈奴人，还需要深入研究。两个存在Q型

的匈奴墓葬在对应时间的文献中,都没有发现匈奴人向叶尼塞河流域迁徙的记录。有较大可能的是迁往巴里坤湖的一支,他们属于Q型,并且地理位置与叶尼塞河流域比较接近,但需要确定样本年代后才能有较为可靠的结论。遗留漠北的一支匈奴人,在地理位置上也与叶尼塞河流域较为接近,并且最后不知所终,他们也有可能是凯特人的起源,但目前没有遗传学上的证据。迁往乌孙一支的精壮部分都向康居迁徙,后继续向西灭阿兰聊,留在乌孙的皆是羸弱人员,要继续向叶尼塞河流域迁徙的可能性较小,并且也没有遗传学的证据。因此要获得确切的结论,还有待更多的遗传学证据及考古遗址的佐证。无论如何,把蒙古语或突厥语的族群当作匈奴的后裔,是完全没有根据的。

匈牙利的国名与匈奴接近,与历史上的匈人有关,但学术界从不认为匈牙利人与匈奴有关。现代匈牙利语属于乌拉尔语系,匈牙利人中也很难找到匈奴的Q型Y染色体。但是,最近的古匈牙利人DNA研究让问题峰回路转[55,56]:关键的古匈牙利人的Y染色体居然是匈奴典型的Q型的。相信随着新发现不断出现,终有一天能解开匈奴后裔之谜。

以Y染色体研究族群演化展望

Y染色体在解析东亚现代人源流史中起到了重要作用。尽管许多问题仍有待探索，但史前迁徙过程的基本框架已经明晰了。占东亚男性90%以上的C、D、N和O这四个单倍群很可能起源于东南亚，随澳大利亚人、尼格利陀人和蒙古利亚人这三种不同体质特征的现代人经历了三次大的迁徙浪潮。欧亚中西部特征Y染色体单倍群E、G、H、I、J、L、Q、R和T在中国西北的分布模式反映出来自西方的近期基因交流和可能的北部路线的影响，这些单倍群自西向东递减的趋势也可以被清晰地观察到。

然而，现阶段东亚的Y染色体研究遇到了两个瓶颈。一是东亚特异单倍群O-M175的解析度太低。虽然，单倍群O人口众多，但O下的位点却比R和E都少。例如，002611、M134和M117这三个位点代表了东亚近2.6亿人，但没有更下游的位点可以用来更精细地解析这些群体的遗传结构。另一个瓶颈是支系和群体分化时间的估算。现在绝大部分的时间估算用的是Y染色体的STR位点，尽管这在理论上说得通，但对于以STR估算时间哪种方式最恰当还一直有争议。尤其值得提出的是，这里有两种经常用到的Y染色体STR突变率，即进化突变率[20,21]和家系突变率[57]，如何选用这两种突变率争议很大，因为两者估算出的时间甚至可相差3倍。而且STR位点的相似性及多变性也使得时间估算的准确度大打折扣。因此，上文提到一些时间点也仅仅是作为某些单倍群或人群分化的粗略参考。

随着DNA二代测序技术的不断发展，全测序大样本量和深度测序家系的Y染色体成为可能。例如，千人基因组计划在其低覆盖项目中，已经以1.83的平均深度测序了77个男性的Y染色体，以15.23的深度测序了两个连续三代的男性家系[58]。更进一步的深度测序将既可以细化Y染色体谱系树，又可以为进化研究提供较精确的分子钟校准。

第五章
三皇五帝:用基因拨开早期历史的迷雾

DNA可以研究人类的起源,可以分析族群的演化,那都是数千年甚至数百万年尺度的历史。实际上有文字记载之前的历史叫作自然史、史前史,不是严格意义上的历史。但是,如将DNA工具的精度提升到足够高的程度,比如提升到百年级的精度,就可以分析更近的历史时期的群体关系或家族历史。把两个时空相距遥远的群体或者个体,用DNA的纽带连接在一起,就可以揭秘一段尘封的历史。所以今天研究历史,必须用学科融合的手段。从遗传学、历史学、社会文化的角度去发现证据。历史人类学就是通过基因考古获得实证,以验证文本的方式讲述历史故事。研究历史,有的时候关键是家族史、血缘史。我们能通过染色体谱系树揭示人类起源过程,能从基因看人类走出非洲的足迹,并进而探究农业起源与民族的聚合形成过程,以及中华民族融合统一的历史。

历史研究需要学科融合

我们一直说"实践是检验真理的唯一标准",但是在某些学术领域，有人依然不从实践出发，用理论否定实践，用权威观点否定证据。判断观点正确与否，看的是证据，在客观证据面前，主观的观点又有什么用？只要与证据不符合的，就不应相信，不管是谁讲的。大师讲的就是真理吗？不一定。“吾爱吾师，吾更爱真理。”在证据和权威之间选择什么，这在文科和理科之间往往存在思维差异。这些差异，实际上是由学科本身的方法论造成的，而我们现在提倡的学科交叉融合的理念，就是要通过思维互补解决这种方法论上存在的根本性缺陷。复旦大学提倡通识教育，文科的学生要多学点理科的东西，理科的学生要多学点文科的东西。这样，文理科学生都会视野更加宽广，积淀更加深厚。这就是复旦大学通识教育的目标：有一颗理科的机芯，但是有文科的情怀；达到博学，方能笃志，能切问，方能近思。

我们今天研究历史，不是单纯从文本资料中去复原历史，而是用学科交叉的手段，从各种各样的材料中去寻找证据。这些证据至少来自三个领域。复旦大学文科资深教授姚大力先生提出，研究历史学要有三个窗口（即三个领域）：遗传学的从基因角度研究的窗口；考古学的从化石、文物角度研究的窗口；从社会学、语言文化的角度研究的窗口。历史是复杂的，有多个维度的问题需要解决。

要解决两个个体之间有什么关系、群体之间有什么关系，可以通过基因来分析。父子之间是不是亲子关系，做一下基因检测就知道了。如果去查他们的族谱,或者是用社会学的方法,在村子里发问卷,问多少人同意他们是父子,那就是笑话了。也不可能根据孩子长得像不像父亲来判断是不是亲生父子,这种做法也是笑话。亲子鉴定,肯定是要以基因检测的结果作为证据。

研究历史要落到问题的实处,解决时空的问题。遗传关系的问题是时间问题,两个人之间距离多少年、多少代。此外还有空间问题,即这个家族从哪里迁到哪里,在哪里落过脚,迁徙过程中走过哪些路径。这是要通过考古学解决的。但是知道了这些,还没解决所有问题,我们还要问一问为什么。这些家庭、这些族群为什么迁徙?这个为什么的问题有的时候就很复杂了,只从基因角度研究不能解决。基因研究只是告诉你,不同群体间有没有关系。全世界的人,当然也包括中国人,都是从非洲走出来的,这从基因就能看清楚了。但要知道从非洲什么地方走出来的,就只能看化石了。考古结果发现现代人走出非洲后,在西班牙没有留下化石痕迹,只有以色列有。所以现代人最可能是通过埃及—以色列一线走出来的。

早期过狩猎-采集生活的现代人为什么走出非洲?非洲到处有兽群,角马、斑马等大兽群在东非草原上奔跑着,而在亚洲打猎,要跑很远才能碰到野兽。在非洲狩猎一般不会被饿死!那人为什么要往非洲之外走呢?这里就有很多社会心理学的、宗教的,或者是早期自然环境变迁的影响,要将这些学科综合在一起研究才能解决人类历史的问题。特别是人类社会有了文化以后，宗教变得尤为重要。我们发现，有些迁徙事件难以理解，比如乌拉尔语系的人群的迁徙。现在芬兰人、爱沙尼亚人都是乌拉尔人，还有很多分布于欧亚大陆北冰洋沿岸以及乌拉尔山区的民族，从瑞典的拉普人到乌拉尔东部的萨摩耶人，还有西伯利亚东北角的尤卡吉尔人，都是乌拉尔人。他们的基因和汉族的基因非常接近，Y染色体类型是汉族部分类型中分化出来的一个小分支。从历史语言学角度研究发现，乌拉尔语系，例如芬兰语，很多字词的韵母和汉语的对应关系非常明确[1,2]。汉语里读“分”的，在芬兰语里叫“pala”，汉语读

井木犴和鬼金羊，犴背上有座椅
河南濮阳西水坡遗址
距今6400多年

双犴引太阳神
安徽凌家滩遗址
距今5500多年

玉犴
河南鹿邑太清宫长子口墓
商代

犴（驼鹿 *Alces alces*）

中亚草原上广泛分布的鹿石
描绘犴向天界飞升的形象

图5.1　驼鹿在中国上古神话体系和中亚草原信仰体系中都具有重要地位。

“鲲”的，他们读“kala”，存在成系列的对应关系。他们为什么从中国跑到环境严酷的北冰洋沿岸？我们研究发现，极可能是宗教原因。北欧神话体系非常完备，他们的主神是住在北极的天神奥丁。天神必须住在众星环绕的地方，那就是北极，所以他们一路向北到了那里。信仰天神是大多数民族早期的自然信仰，但是北欧的天神体系与中国上古体系相似度特别高。不过经过几千年的历史变迁，天神信仰在中国已经几乎完全改变了，而乌拉尔人群的这一信仰变化没这么大，所以类似中国早期的这些神灵节日他们还在过。

历史人类学

历史问题非常有趣，但是历史越久越模糊，研究的难度越大。为了提高研究的精度，必须不断发展研究方法。而我们的研究方法叫历史人类学。2016年12月，《科学》专门做了一个关于我的长篇报道，报道了我的研究成果、研究经历，还把我的大照片贴在《科学》上面。因为编辑认为我们的研究开创了新的领域，解决了以前不能解决的问题。这个新的学科领域就叫作历史人类学。历史人类学有新的研究范式，跟传统的历史学、人类学都不一样。

传统的历史学是从文本出发的。历史系的老师对文本文献很熟，往往能发现不同文献里对同一历史事件的讲述是不一样的。

到底哪个文本的讲法是对的，如何分辨？历史学的办法，就是通过分析事件的历史逻辑来判断哪个可信度大。但是这种逻辑的可靠性并非绝对，有时是有出错风险的，因为有些人做事情就是不合逻辑的，而且历史有太多巧合，所以传统历史学的研究很多是依赖于权威学者主观判断的水准。一个年轻人刚入行，看了几本零星的书，他依据的材料少，判断力就差些。一些老学者看过许多别人没有看过的资料，他依据的材料丰富，总结的规律可靠，判断能力就强，或者说他的思维水平就高。这就是为什么文科生要信老师，要信任学术界的权威。但是即使是权威，他对事件判断的准确度又能够达到百分之多少呢？传统的历史学研究精度很难量化。真的量化的话，我觉得不一定达到80%。但是对于理科研究来说，95%的准确度也可能不够，因为还有5%可能是不对的！对数据分析而言，显著性要求是95%以上，但这还不一定满足所有研究的需求，有些研究要求99%，甚至99.999%的可靠性，因为其中的出错风险是不能容忍的，例如法医学的一些研究就属于这类情况。所以自然科学的研究在精度上占有优势。

但是传统的自然科学，例如人类学研究，在范式上也有问题。特别是这些研究在语境上太生硬了，描述的语言经常是一段密码，大众听不懂。比如说，你的基因型是O3α型，这种型上面的M117位点有突变，然后怎么怎么变异，说明你来自数千年前的某个考古文化。作为一名没有专业背景的读者，听得懂吗？所以说这种描述脱离了常用语境，虽然试图讲历史，但是没有真正讲明白，没有解决历史学的问题。传统的人类学创造了一堆生硬的新名词,比如说把人分成东亚人种、南亚人种、北亚人种,然后这个北亚人种是数万年前开始混合形成的,多少万年前后有竞争。这些东西一般人听着很陌生,北亚人种是什么,怎么从民族分辨谁是北亚人种?不知道!这些都不是历史传统的语境。

考古学也是一样。一般把考古学划为文科,但实际上考古学更像是工科。工科最典型的建筑学是造房子,造房子往上造,而考古学是往下挖,还要求挖得规规矩矩,技术要求很严格,每个地层都要分得很清楚,还要画图纸,这完全是工科的事情。至于挖出来东西是什么,解决什么历史问题,这不是工科要解决的问题。所以有些考古学家非常反对用考古材料研究历史,认为做好工科事情就行了,文科的问题交给文科去解决。其实考古学的传统,特别是史前考古,也遇到了跟人类学一样的问题,就是没有在传统语境中研究问题。一个考古文化挖出来以后,很难分析这个考古文化跟其他考古文化有什么关系,也很少考虑这是不是一个大类型中的小类型。研究者往往就根据发现地的村子的名字,或者小镇的地名,给这个文化命名。比如仰韶文化,是在河南仰韶村发现的。这个文化经历了几千年,影响了中原很大范围,还涉及周边地区,甚至到了甘肃最西北的地方。那些地方都曾经发现有与仰韶文化类似的文化类型。那么长的一个时期,那么大的一个地理范围,仰韶文化人群应该是一个很大的族群,他们生活的时期甚至可能是一个朝代。他们是什么族群,他们到底是哪个朝代的,他们的首领是谁,这些问题考古学都没有回答,而是简单地用一个小村子的名字命名,来称其为仰韶文化,回避了所有历史问题。这个新命名的名词脱离了传统的轨迹,没有解决问题反而制造了问题。这种回避大传统的考古学的命名表达,还使得考古学的博物馆展览的展品介绍实质上是与观众认知隔离的。观众在博物馆看到了"马家窑文化彩陶双耳罐",双耳罐,没有质的信息传递,谁看不出它是两个耳朵啊?彩陶也很清楚,它是用彩色颜料画的,黑一条,红一条,都知道那是彩陶。这个标签提供的唯一信息就是马家窑文化,而那是不够的,因为非考古专业人员不懂马家窑文化是什么。但是,假如我告诉观众,马家窑文化是轩辕黄帝把炎帝的领袖地位取代了以后,炎帝部族逃到西边甘肃形成的炎帝族群的文化,那观众就很容易明白了。这样的描述才是历史语境下的历史表述,而不是在考古专业内的磋磨,当然这需要更多交叉学科的掺入。所以说,我们的考古学的方法,一开始就存在某些先天缺陷。分区、断代、命名的非科学化,把历史信息碎片化了,而碎片化的信息往往是无用的,反而给科学规律发现带来障碍。

佛教有"所知障"的说法,但并不是说知识越多越不好。知识多,还需要串起来,博学之后还要切问还要近思,还要把知识全部穿成一条线。我们追求的是道,是规律,不是求零碎的知识。所以《道德经》提倡"为学日益,为道日损"。学问要不断积累增益,才可能归纳出"道"来。而"道"就是"要放弃多余",要简化,再简化。"大道至简",科学的规律一定是最精简的,人类进化的规律也一定是符合生物进化的大规律的,而不是特立独行的特殊规律。

历史人类学与人类学不同,前者是从文本出发的,以传统的历史记忆为研究材料,讲述的可能还是大家听过的历史故事。通过基因、考古等科学获得的实证,可以把历史上发生过的事研究得相对客观、正确。

历史人类学研究历史,最关键的就是实证,而取得实证的关键就是基因。我们要把很多考古问题、历史问题转化为遗传学问题,用基因去解决。曾经有人认为,用基因研究出来的东西也不可靠,例如一些基因分析研究发现这个群体和那个群体近,另一些研究却发现这个群体和另外一个群体近,遗传学研究自己都矛盾。其实这是因为基因太复杂了,并不是随便研究什么基因都能用于解决历史学问题的。

人类基因组有23对染色体,还有一个线粒体,总共有约30亿碱基对。这个庞大的基因组有80%跟老鼠是一样的,有98%跟猩猩是一样的。人类基因组里面并不是所有的DNA片段都有明确功能,不同片段的重要程度因为功能差异而不同。有的DNA片段完全不能变,比如,决定你长两个眼睛一个鼻子的片段跟老鼠的是一样的,如果拿这种片段去研究人与人之间的关系,那就一点解析度都没有。有的片段可以变化,在人与人之间有差异,但是它决定了你是不是抗冻,这类DNA片段或基因更多是因适应不同的地理环境而变化，拿来研究人与人之间的关系、研究历史也没有用。在广东人群中，这个基因都是一样的不抗冻类型，和属于哪个民族没有关系；在北方长城以北，人群中这个基因又是完全一样的抗冻类型。这个基因变体的分布是对应于纬度、温度的，完全是适应气候的，能解析的是地理信息，不是历史信息。这类基因非常多，如果用这类基因作一个分析，就会发现，中国人是有南北差异的，且以长江为分界线。人类遗传学的一些早期论文确实结论都是这样。中国人分南北人群，长江以南是南方人群，以北是北方人群，这是一个重要的发现，但是对于历史研究意义并不大。那么研究历史，要选择什么类型的基因片段呢？答案就是，这些基因片段不能受环境的影响，而是直接跟族群迁徙的历史完全对应起来，这样才能解决历史问题。实际上，基因组中大部分没有具体功能的DNA片段正符合我们历史研究的要求，因为它们没有具体功能，所以不受环境选择的影响，其中的变异完全被保留，忠实记录了历史分化的程度。另外，历史研究还需要这些片段以很长的区段整段地传下来，稳定地积累一系列的突变，这样才能形成足够长的“段落”，足以通过比较“文本”区分各种个体、家族和群体差异。

人类的历史，有的时候关键是家族史。历史的走向往往取决于一个关键人物，或者一个核心家族的兴衰。往往皇家的兴衰就是一个国家的兴衰。拿什么基因片段来研究家族的历史呢？这可就要根据基因片段的遗传模式来决定了。第二章提到，基因组里不同染色体的传递模式是不一样的。大部分染色体是常染色体，常染色体是双系遗传的，每个人的每种常染色体都有一对，一条来自父亲，一条来自母亲。常染色体传给下一代的时候会进行重组。传到最后，常染色体就成为一个极其复杂的历史组合，汇聚了所有祖先的信息。如果研究常染色体，每往上追溯一代，常染色体的贡献祖先就增加一倍。父母一辈两个人，祖父母一辈四个人，曾祖父母一辈就是八个人……如此无限地散发开来。到了一定的历史时期，所有的人都是你的祖先，因为你的常染色体是由很多他们传下来的片段拼起来的。当然这种散发是有一定限度的，并不是线性的单调发散。但是如果所有古代人都是我们的祖先，哪怕是大量古代人是我们的祖先，我们追寻祖先还有什么意义呢？一个不需要回答的问题是没有意义的。研究历史，追溯祖先，不找到我们真正的关键祖先，不回答我们关心的真实问题，就是没有意义的研究，只是发现了一个好玩的现象。我们要找的祖先，并非遗传给我们基因片段的所有古人，而是特定的传给我们家族、语言、文化、信仰的祖先。

中国的家族传承是按父系关系组建的，于是就有一条染色体的遗传与家族的传承基本保持一致，那就是父系遗传的Y染色体，只有男性才有，所以它肯定来自父亲，而父亲的Y染色体肯定来自爷爷。家族不变，Y染色体就绝对丢不了。而且，前文说过，Y染色体主干区段基本不与X染色体发生重组，其上发生的突变都会流传下来（图2.5）。

家族中的Y染色体失传的可能性也存在，例如有些人是过继的，或者是被收养的，或者是其他各种特殊情况造成失传的，但是在中国社会中这样的情况比例比较低，所以Y染色体是用来研究家族史乃至研究各种族群历史的最重要的材料。有人问，女性的DNA就不能用来研究历史吗，母系的历史不要研究吗？母系遗传当然也可以研究。母系遗传的DNA片段就是线粒体DNA，我们可以通过线粒体追溯母系历史，研究母亲的母亲的母亲从哪里来。但是研究历史用不着这些信息。你外婆的外婆姓什么，你知道吗？你感兴趣吗？大部分人都不会问这个问题，因为人类历史基本上是父系社会的传承，出于社会学原因，我们没有必要过多关注母系遗传历史。当然，母系遗传的信息也是非常有用的，在世界范围内的各大区域差异上是有进化学意义的，只是在地区内的民族群体之间没有显著差异。研究发现，民族之间，女性基因交流很普遍，男性基因交流就很少。因为大部分的民族都是父系社会的，母系社会只是偶发现象。人类历史上也是这样，母系社会阶段只是一个假说，到目前为止没有证据可以证明人类社会的发展存在一个普遍性的母系社会阶段。在考古上也从来没有发现过普遍的母系社会。所以通过父系遗传的Y染色体，我们就可以追溯到我们家族的祖先，追溯到家族中跟我们同姓的上几代祖先。同姓的两个家族到底是不是来自同一个祖先，不同姓的家族是不是真的没有关系，这些人们常常会遇到的问题，现在可以用Y染色体来判断了。

基因解析历史人物

历史人类学解决的第一个历史问题,就是曹操的身世。我们用曹操家族的基因研究来做个例子,说明基于遗传学的历史研究是怎样开展的。曹操是1800年前三国时候的人物,他的身世似乎很难追踪。曹操的爷爷是个太监,那曹操父亲是从哪里来的?当然,曹操的父亲肯定是养子。曹操的政敌对这个养子的故事就做过各式各样的发挥。袁绍跟曹操小时候要好得很,但是真打起来的时候,却对曹操说,你这家伙,你爸是乞丐携养的,我是四世三公,你有什么资格跟我争夺天下?东吴那边更有高招,专门搜集曹操的花边新闻,编成合集,取名《曹瞒传》,就说,曹操啊,你爸是夏侯家过继来的,所以你们家和这个夏侯家是兄弟关系,现在你的女儿嫁给夏侯家的儿子,夏侯家的女儿嫁给你家儿子……这个故事很火爆,所以流传很广,还被编进了《三国演义》。大众的心理是很追奇的,民众喜欢猎奇,所以曹操怎么辩驳都没用,老百姓不爱听,所以我们从来没看到过史书里有曹操的辟谣。

但是《三国志》就没记载曹操父亲是从夏侯家过继来的。曹操家大业大,曹操的爷爷曹腾做了中常侍,就是一人之下万人之上的官员,像他这样的家业怎么可能传给一个外人呢,这不合理。而且对于贵族阶级来说,从外姓过继,这是丢人的事情。其实曹操的爷爷有兄弟四个,他一个人做太监,三个兄弟都做了大官,怎么可能没孩子,用得着从外姓过继吗?但这只是历史逻辑的推理,事实究竟如何？为了弄清真相，我们可以把这个亲子鉴定的历史问题转换成遗传学问题。把曹操的爷爷的基因，与曹操父亲的基因作对比，曹操父亲的Y染色体基因应该与曹操后代的基因是一样的。

所以首先要找曹操的后代，然后跟曹操的爷爷作一个基因对比，如果两边对上，就可以证明曹操的父亲本来就是老曹家的。2010年，我们把全国的曹姓做了筛选，找到70多个曹姓家族进行Y染色体的检测，结果发现全国的曹姓各种各样的Y染色体都有，没有一致性。这是一个好现象，因为曹姓本来就是多起源的，应该不一样才对。只有普通曹姓Y染色体不一样而曹操的后代Y染色体都一样，才能把曹操后代从众多曹姓家族中挑出来。从全国的70多个曹姓中，我们找到有家谱有文献记载的9家曹操的后代，分析结果表明，这9家人的Y染色体有8家是一样的，都是O2-F1462型。这个类型是很罕见的，在人群中1%都不到，如此一致基本不可能是巧合。这说明他们8家真的源于一家[3]。

我们又去曹操的爷爷这一辈的墓葬里找来骨头，来鉴定其中的Y染色体。曹操的父亲和祖父等长辈都葬在他们的老家谯郡，也就是今天的安徽亳州。听说我们来研究曹操家族，亳州考古所的研究人员都很高兴，但说到骨头，却都犯难了。原来曹操家族墓葬是20世纪70年代挖掘的，那时对保护古迹不够重视，而且挖出来的时候人骨基本都烂了。考古队员说："当时我们挖墓的时候，看到墓葬形制很漂亮，就保护了起来。很多出土文物搬到博物馆保存着。墓葬的封土就倾倒在边上了,墓葬中残余的骨头也跟封土扔在一起,骨头渣子,都没保存。”但是有位谢书璧老先生,当时是带队挖掘的,回想起当年挖曹操爷爷的弟弟的墓时,看到墓主的两颗牙,亮晶晶的特别好,就留了下来,心想以后科学发达了说不定还能分析出些特别的信息。那两颗牙就用信封装着,放在库房的考古材料里。他翻了半天,发现了40多年前放的这个信封。倒出来一看,两颗牙还是亮晶晶的。我们拿到实验室,在牙齿上钻一个小洞,把骨粉掏出来,做骨粉里的基因测试,发现其中的Y染色体果然是O2-F1462这个类型,跟曹操的后代一模一样[4,5]。

我们也做了夏侯家的Y染色体,完全不是这个类型,而是O1类型,不是O2类型,两者相差很远。这说明,曹操后代跟曹操爷爷辈是一样的,曹操的父亲不是外面捡来的,还是老曹家人。就这样,历史问题的悬案通过自然科学遗传学的手段解决了,这是历史人类学的第一个案例。

所以,Y染色体谱系可以研究历史问题。历史上的两个人,只要找到他们在Y染色体谱系树上的位置,就能分析出很多信息。全世界的任何男人都可以在Y染色体谱系树上找到位置,所以全世界家族的演化历史都可以分析清楚。很多家族的历史组合成了民族的历史,很多民族的历史组合成了大洲的历史,各个大洲的历史又整合成了全人类的历史。

基因解析语系历史

中华民族这个大群体,由56个民族组成。每个民族又由许许多多家族构成,在遗传谱系分析中会发现有些家族是跨越民族的。基因的分析会让中华民族多元一体的构架更加清晰。我们要研究中华民族的历史,必须从东亚的各个民族类群的源流分析。

民族这个概念比较复杂,是从政治角度,根据国家政策落实的需要,基于共同语言文化特征的心理认同,以及各种复杂社会经济关系来划分的。遗传学研究民族群体的时候,传统上简化为根据语言学分类来区分族群,实际上研究的是一个个语言类群的使用群体,而不是社会意义上的民族。语言学和生物学一样是有体系的,生物学上分界、门、纲、目、科、属、种,语言学上有语系、语族、语支、语种。语系,就相当于生物分类中的"目"的概念,生物学中同一个"目"内的生物有明显的亲缘关系,比如灵长目中的各物种,所以明显有亲缘关系的语言是同一个语系的,彼此间有大量同源词。比如汉藏语系,汉语和藏语的同源词特别多,这两个语言是同源,关系很明确。语族则更进一步,相当于"科"的概念,同一语族内的语种明显是很相似的。比如日耳曼语族,里面的英语、德语、荷兰语、瑞典语,相互之间非常接近。语支相当于"属"的概念,亲缘关系更近。比如羌语支的,内部的语言都是基本可以相互通话的。再往下,语种就是相当于"物种"了。

早期的蒙古利亚人种到达东亚以后渐渐分化，形成了9个语系，从南到北分别是：南岛语系、南亚语系、侗傣语系、苗瑶语系、汉藏语系、满蒙语系（阿尔泰语系）、匈羯语系（叶尼塞语系）、乌拉尔语系、古亚语系。匈羯与满蒙是完全不同的族群，很多北方民族说自己祖先是匈奴，可能并不是事实。中国境内已经没有讲匈羯语系语言的民族了。从基因上，可能就已经决定了一个民族讲话有没有声调。根据语言学分析，匈奴讲的语言是有声调的语言。我们分析了匈奴墓葬中的遗骨的基因，分析了和语言相关的基因，都是有声调的突变类型。而现代的满蒙族群的同样基因都没有声调突变，所以满蒙语系都是没有声调的。匈奴人和蒙古人，在其他基因上差距更大，可能个别血统有交流，但是主体上没有传承性。千万不要以为住在一个地方的，就是必然有传承关系的，族群的迁徙是非常频繁的。在蒙古草原上，民族换了很多批，蒙古人是很晚的时候才从黑龙江流域扩张到草原上来，成为主体的。

更有意思的是，东亚的语系从词汇相似性上分析，是两两成对的。侗傣语系和南岛语系的词汇很接近，南亚语系和苗瑶语系很接近，汉藏语系和乌拉尔语系很接近，匈羯语系和古亚语系很接近。每一对语系都是其中一个有声调，另一个没声调。这个现象非常奇怪。声调分为调值声调和调形声调两种。调值声调就是根据声音的高低来区分的声调，调形声调就是根据声音的升降形态来区分的声调。全世界范围内，只有东亚地区才有调形声调，带调形声调的语系有汉藏、苗瑶、侗傣、匈羯四个。我们发现，东亚的声调很晚才出现，大概从西周开始才渐渐开始产生声调，而产生声调可能都是受中华文明圈的影响，这种影响源于基因交流[6]。四个有声调的语系的使用者都是在中华文明圈内长期紧密接触、频繁交流的族群。匈奴人就在汉族的北边，交流很多。苗瑶就在汉族的南边，长期住在长江中游。侗傣起源于江浙一带，也长期与汉族互动。而对应的另外四个语系的族群跑到中华文明圈外面去了，所以较少受到中华文明的早期影响，没有搭上声调发生这班车。

语系对基因结构的影响很大。上述提到的四对语系的现象，在Y染色体分布上也同样能看到。每个族群中有不同的家族组

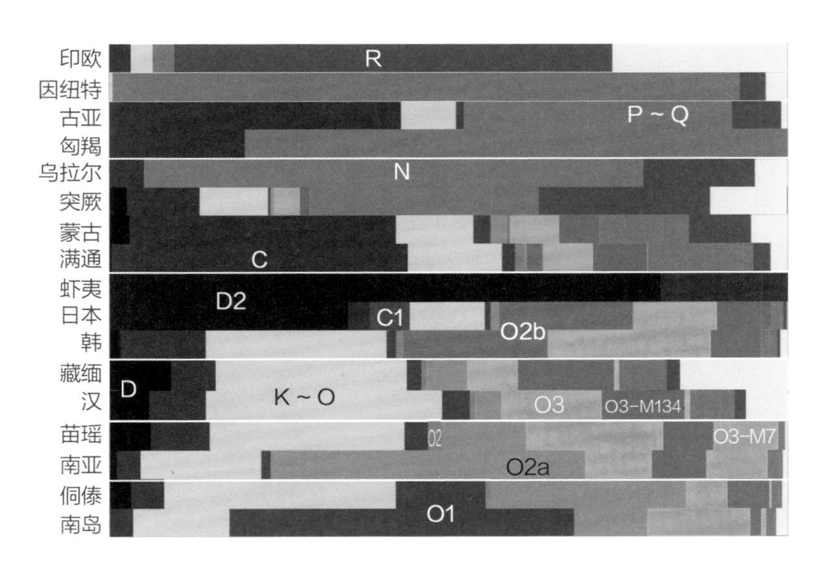

图5.2　东亚各族群间Y染色体差异。

成结构,有不同的Y染色体类型,并以独特的比例组合起来。一个族群中有各种男人,当然会有各种Y染色体。而不同族群的Y染色体的组成配比是不一样的。所以比较不同族群中各种Y染色体所占比例,可以计算出族群之间的遗传距离。同一个语族的人群,Y染色体类型基本一致。比如图5.2中,汉族和藏缅族群的Y染色体比例特别接近,每种类型的比例基本一样。所以汉族和藏缅族群是最接近的。所以汉藏语系的分类在基因上也是支持的。满族和蒙古族也是很接近的,几乎一样,这和语言也是对应的。苗瑶和汉藏稍微远一点,南亚和苗瑶比较接近。侗傣和南岛距离汉藏更远。所以族群之间的关系通过这个比对,通过计算分析可以画出一棵树来(图5.3)。中华民族所有族群都是从一个根上出来的,都是同根的,大约都是4万年前从云南进入中国,渐渐分散开来。3万年前分散成苗瑶、侗傣的祖先人群,侗傣又分出南

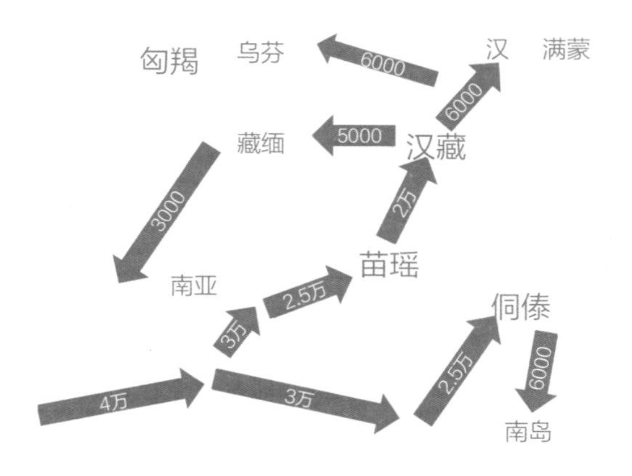

图5.3　中华民族同根。箭头中文字表示各族群祖先进入这片土地的距今大致年数。

岛，苗瑶祖先2万年前又分出汉藏的祖先人群，汉藏后来又分成汉和藏缅两部分。

民族是聚合形成的

民族是这样通过分化形成的吗？不是的！分化只是早期狩猎采集人群迁徙扩散的过程，那个时候哪有民族？民族是有了文化以后聚集起来而形成的，因为需要大量的聚集人口来承载民族文化。

早期人群散布到中国各地，交流很少，基因差异越来越大。各地的人群分化了几万年，散布在丛林中，形成不了民族，孕育不出文明。文明是后来才产生的，其产生的过程有内在自然规律，需要适宜的环境、足够的经济基础。文明什么时候产生的？很晚。约1.2万年前，冰川期结束以后，一切才有可能。冰川期是不可能有文明的，冰天雪地，食物匮乏，能活下来就不错了，没法养育足够的人口，所以史前文明是不存在的。从1.8万年前开始，冰川渐渐消退，到1.2万年前，气温上升到接近现在的水平，全世界进入温暖美好环境，春天终于来了。对这个春天，从7.4万年前的多峇巨灾开始，生命已经等了几万年。那时候起，动植物繁茂起来，花儿盛开，各种兽群开始繁衍、壮大，我们人类有足够的东西吃了。有了充足的食物，人口就开始增长。所以1.1万年前，全球温带的女性人口开始膨胀。为什么增长的只是女性呢？男性到哪里去了？女性在家里操持家务、采摘果实，相对安全，就活下来了。男性要去打猎，经常会遇到凶猛的野兽或者各种危险的情况，很容易受伤或者死亡，所以男性成员损失很大，人口增长不了。20世纪90年代，我经常去各种偏远地区调查少数民族，也调查过一些狩猎的民族，比如独龙族。直到十几年前，他们还经常狩猎，因此男性成员经常会有损失，村子里男女人口比例特别不均衡。

智商在人群中也是正态分布的，大部分人是平凡的，少数人智商比较高，少数人智商偏低。当人口少的时候，智商特别高或者特别低的人就很难出现了，所以群体发明创造会少，社会发展会慢。人口多了，聪明人才会多，创造发明也才多。农业就是各地的聪明人发明的。一万年前，世界若干地区，特别是人口最多的东亚和西亚，陆陆续续出现了农业。农业生产了更多粮食，能养活更多的人，人更多了就有更多的发明，新石器就出现了。吃饱了才有时间磨制新石器，才能把生产工具磨得精细一点。工具更好，农业可以更快发展，粮食多了，人就越来越多。那些拥有农业的族群壮大起来以后，周边族群向他们学习，向他们靠拢，想了解这个族群怎么这么厉害，粮食哪里来的？向农业族群学习，就先要听懂他们的语言，语言就传播开来了。还有文化的传播。打个比方，农业族群的人告诉那些求学者，你要种这个庄稼，有窍门的，先要用人头祭天[7-10]，祷告要有一套咒语，这谷子要用血水泡了再播种，有一整套祭天、祭谷神的流程。于是，文化传播开来了，宗教传播开来了。当时的人，还不知道什么叫科技，什么叫宗教，都混在一起。所以，当世界观、价值观、人生观，整个三观体系在每个圈子内部的人群中都逐渐变成一样的，民族就形成了，他们信同样的宗教，用同样的思想观念，有同样的神话体系，讲同样的语言，语系也就聚合在一起。这就是民族的聚合。

前所未有的大量人群聚合在一起，就需要有管理，不然社会就乱了，于是出现了社会规范和规范的裁判者——领导人。领导人的私人财富积累起来以后要传承。到了大约7000年前，四大古文明萌发了。人类文明起源的过程就是一个"人法地，地法天"的过程。气候变暖是第一步"天"的变化，而后物产变丰富是第二步"地"的变化，最后社会发展是第三步"人"的变化。这是一种自然规律，也是社会规律。文明的产生不是神话里说的那样，一个天生神力的人拍拍脑袋就创造出来的。四大古文明的形成，不管是古巴比伦、古埃及还是古印度、古中国，都必须经历这个过程。关于四大古文明的说法目前争议颇多，古巴比伦、古埃及、古印度的文明其实都是密切关联，甚至可能同源的。陈中原教授一直在研究埃及的史前气候变迁，他发现尼罗河流域的生态非常脆弱，文明发展经常中断，然后有人从西亚新月地区移民过来，建立新的社群。所以，古埃及的文明有可能来自古巴比伦。从完全独立起源的文明来看，四大文明应该是东亚文明、地中海文明、美洲文明、内非文明。有人认为，中国只有3000多年的文明史，只能从商代算起。这是中国的史前考古学与历史学严重脱离造成的误解，至少5000多年前中国就已经有了良渚古城这样的宏伟的城市[11,13]，怎么会没有文明？西方学者提出用青铜器作为一个文明的标志，是有问题的[13]。文明形态多种多样，而具体的某种发明有偶然性。按照西方发明的标准去衡量中国，并不客观，逻辑上有问题。

中华文明起源与农业

中国是一个农业大国，中华文明的起源与农业关系密切。

不同地方有不同的作物区划，不同的语系实际上发生于不同的作物区，语系的起源跟作物的起源和农业区的起源有关。现在世界各地的语系分布非常不规则（图5.4），交错在一起，很多分布区也不是农业区。但是究其源头，大部分语系是起源于农业区

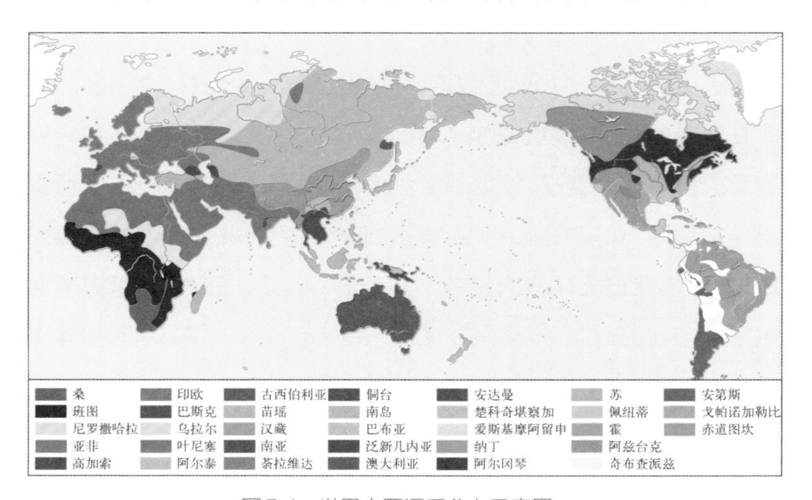

图5.4　世界主要语系分布示意图。

的。有的语系人群只是后期因为气候或政治原因搬迁了。比如苗瑶语系的苗族、瑶族、畲族,散布在南方各地的山区。其中苗族主要分布在贵州地区。贵州在中国地形的第二级阶梯和第三级阶梯之间,受到地壳变动的大量挤压,山地陡峭,种庄稼有点困难,不可能是农业发源地,所以苗族不可能起源于这里。有人说汉族起源于甘肃、青海一带,那也是不可能的。汉族不可能起源于不适合农业的高原地区。人口庞大的古老民族更可能起源于农业发达的大河中下游和三角洲地区。

中国主要有两个农业发源地(图5.5)。中国早期驯化的农作物的种类很多,主要的是大米、小米,其他黄米、大豆、菱角之类的,在各个考古文化区系中被驯化。大米和小米是中国上古的主粮,麦子不是。麦子起源于西亚,大约4100年前才来到中国。北方的小米起源于磁山文化,在桑干河流域,就是丁玲写的《太阳照在桑干河上》的那个桑干河,它从山西大同流到河北涿鹿,从河北流到北京,被称为永定河。我们经常讲,黄河是中华民族的母亲河,那么桑干河就是中华民族的"祖母河"。目前发现的最早的驯化小米,也叫作粟,是在北京郊区永定河边距今一万多年的东胡林遗址,更早可能追溯到山西下川文化[14]。最早的小米就是在桑干河流域驯化的。有粮才有人,有人才有文化。中华民族主体的源头在这里。南方的大米可能是更早驯化的作物,大米养活的人多,而且南方气候好,天气变暖后作物恢复得快。所以,大米(也就是水稻),应该驯化得更早。目前最早的驯化大米发现于湖南南部湘江源头的道县玉蟾岩遗址，距今接近1.5万年，不过证据需要更多分析[15]。明确的大米驯化是在沅江边上，洞庭湖西岸，1.2万年前就开始了，到了七八千年前那里已经有成片的水稻田。洞庭湖周边，古代叫作云梦大泽，一大片的湿地，环境好得不得了，特别适宜种水稻。所以中华文化的主流源头就是这两个：北方的小米和南方的大米。

因此中国早期形成了两个文明圈，大米文明圈和小米文明圈。在不同的农业区就形成了不同的文化体系。种大米的区系包括：高庙文化区，从彭头山文化到高庙文化、大溪文化，再到屈家岭、石家河；长江下游的良渚文化区，从河姆渡到马家浜、崧泽、良

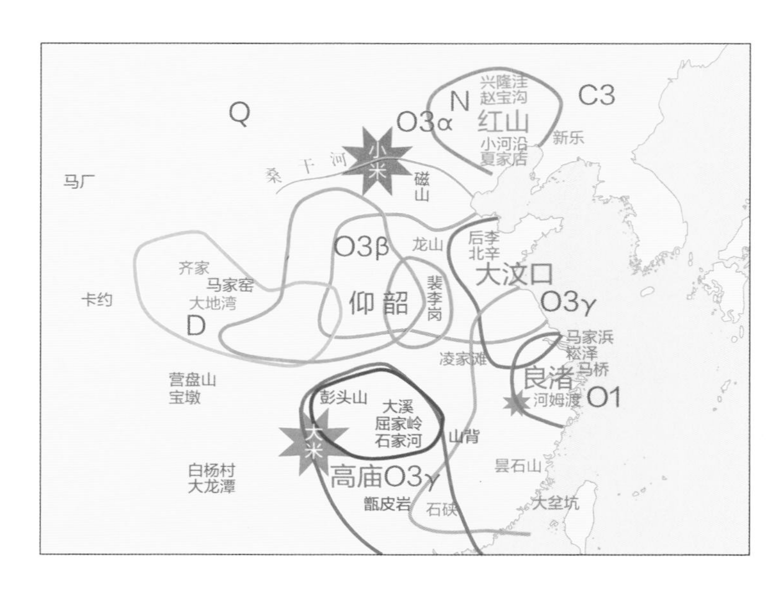

图5.5　中国两个农业起源点——两个文明源头。

渚、马桥，这一层层文化更替发展下来；还有北方山东的大汶口文化区，从后李、北辛到大汶口、龙山、岳石，不过大汶口文化之前当地基本不种植水稻。所以南部和东部这三块农业核心区域是种大米的。北方两块区域，仰韶文化区和红山文化区，是种小米的。黄河中游和西辽河流域是种小米的。文化接触往往造成冲撞，大米文明和小米文明，这两个区域和人群文化上必然形成差异，继而冲突对峙。最后战争和妥协使他们融合在一起，形成了中华文明[16]。中华文明是大米和小米融合在一起的，就像一阴一阳融合成了一个完美的太极图。

"三皇五帝"真的存在吗

新的文明评判标准与上古统治者

我们说中国的文明7000年前就起源了，但有学者并不承认。西方有学者提出，古文明的标准之一是看一个地区有没有开始使用青铜器。可青铜器是西亚发明的一种配比精密的合金，一个西亚发明的东西传到哪里，哪里就算有文明，这合理吗？美洲的玛雅文明中没有青铜器，古代旧大陆的文明都没有传到新大陆去，那新大陆就没有文明了吗？当然不是。我们为什么不能拿中国发明的东西，看它传到哪里就说哪里开始有文明？比如说丝绸，丝绸传到哪里，哪里才是有文明，那西方文明就太晚了，1000年都不到。这同样不对。所以，不能拿某个地方发明的一个东西作为标准。我们认为,文明还是要有一种更加普适性的标准。

2014年我在联合国大厦做了一次演讲,提出古文明需要一个新的评判体系,并拟定了一个新的文明标准,得到世界各国很多学者专家的认可。我认为,文明的本质是社会规范,遵守特定的完备的社会规范,就是文明。而社会规范可以分出数个元素,例如统治、法律、历法、记录。规范需要有维护者,一个文明形态必须有统治。如果没人管,社会就乱套了,大家想干什么就干什么,那是野蛮,不是文明了。要有法律来规定行为范围,制定等级制度、礼仪制度,法律不一定成文,也可能是习惯法。还要有历法,让人们知道什么时候应该做什么了。“山中无甲子,寒尽不知年”,那就是原始蛮荒。有了历法,能够记日子,这才是文明,所以历法是特别重要的。历法可以通过古代星象图、天文观测遗址等材料去考证,特别是早期的天文台、观象台。从仰韶文化的西水坡大墓中来看[17],中国至少6000多年前就有星象观测和历法。还要有记录,能够把这些文明的具体规范内容记录下来,流传下去,而记录也不一定非要是严格的文字。

如何判断古文明中有“统治”呢?早期的统治就是看有没有领导人——“帝王”,民主的统治是后来的事情。与很多动物群体一样,帝王有最大的生育权,占据最多的社会资源,他生的孩子就多,他的基因谱系扩张就快。通过Y染色体作遗传学分析,可以找出早期迅速扩张的谱系,来确定到底有没有帝王,什么时候出现,也可以分析他大概在哪里,尝试把陵墓找出来。早期全国人口不多,但是如果有帝王,他的孩子多,谱系就扩张得特别快,在人群中很容易占比很高。只要把我们现代人的Y染色体谱系树画出来,在谱系树上往根部追溯查找,就可以看到那些可能出现的扩张点。

把中国男人的Y染色体,根据序列差异程度画成一棵进化树(或称谱系树,图5.6)。结果发现,大部分的Y染色体谱系都是直线的,没有分叉,说明这一传承的脉络每一代都有一个男孩,才能把Y染色体传到现在,这并不容易。如果有一个老爷爷生两个儿子,两个儿子都有Y染色体并一直传到现在,这个老爷爷就是树上的一个分叉。在这棵树上面基本找不到三分叉,即使将全国40万个样本放在一起,信息存储量巨大,三分叉也很难找到。但有意思的是,在这棵树上我们看到有三个节点,它们有很多的分叉(图5.6中用三个矩形红块覆盖)。这里是随机抽样的几个样本,证明节点上这三个人生了很多男孩。实际上这三个人可能每人都生了上百个孩子,于是在这几个节点上就散开来了,现在中国的男人里面,他们的后代接近一半。不管什么民族,都有这三个人的后代,即大约一半的人都是这些人的后代[18]。

根据后代的序列差异,即每两个人之间的差异程度,能计算出这人生活的年代。图5.6中标示位点F11的这个人生活在距今6800年前后,标示位点F46的人生活在约6500年前,标示位点M117的人生活在约5400年前。夏朝是4000多年前开始的,而此

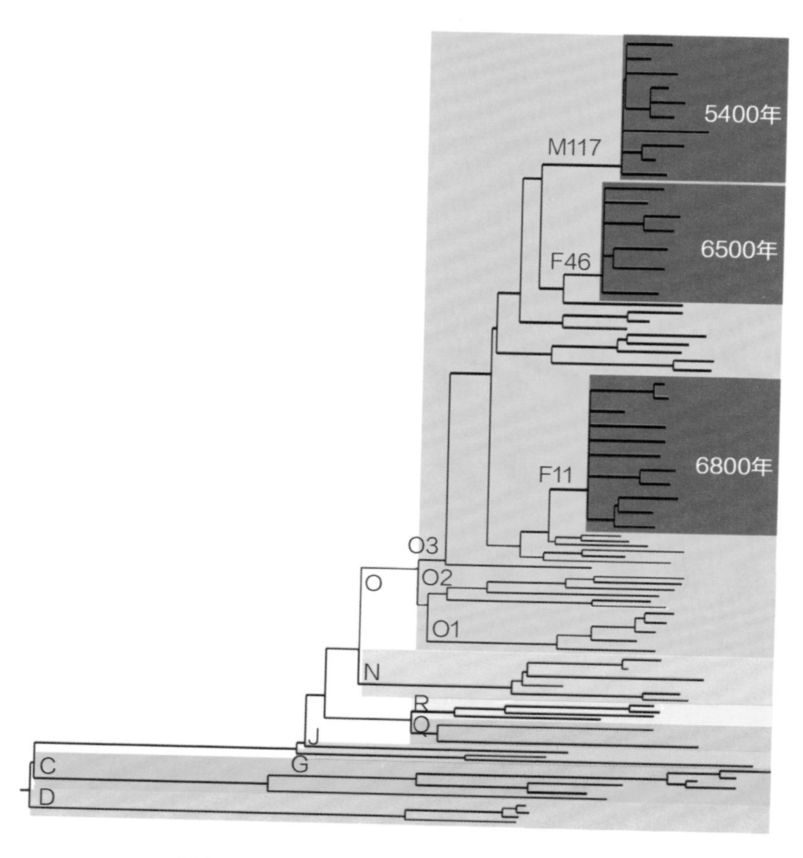

图5.6　简化的中国人群父系Y染色体谱系树。

处都6800年了，完全超出我们的历史认知范畴。但是，传说中，夏商周之前不是有三皇五帝吗？以前大家都说这只是神话传说，但有什么证据证明这些是假的呢？自古传下来的这个说法，是我们传统的语境，传统的历史文本，但是长期以来没有证据证明它是真的，也没有证据证明它是假的。现在，我们需要寻找证据去证明它是真的,或是假的。当前,至少从遗传的证据来看,这个说法并非毫无来由——我们发现中国上古有三个统治者,年代很早。

第一个扩张点:湖广高庙文化

上文提到的这些年代,在考古学中有证据吗?从考古遗址里看到,6800年前并没有那么原始,中国最早的城市,就是那时候出现的。我刚才讲到种水稻的湖南常德彭头山,在它附近1000米的地方,出现了中国第一个城市。这个城,规模很大,相当于复旦校园这么大。护城河5米宽,城墙5米高,为什么要造5米高的城墙?守护帝王的三宫六院嘛。城里有皇宫,有祭坛,有王陵。最早的王陵中有一男一女,男的胸前戴着两个像太极图一样的玛瑙璜。这座6800年前的城,现在是湖南常德的一处景区,帝王骨架展示在博物馆里。这种文化叫高庙文化,7800多年前从沅江上游高庙坪上开始产生。高庙文化出土了很多画着八角星的祭祀盘。最近有人发现了水族的水书《连山》,其中的八卦就是八角星的图案。这会不会与伏羲演八卦的传说有关?高庙文化的这一批人群,每年夏秋,春潮退了以后,他们就到下游种水稻;冬春时,他们就到沅江上游。到了晚期,他们不迁了,就在水里筑起高台,建造城堡,定居下来。水涨上来时他们在城里居住,水退下去时他们就到城旁边的地里种水稻。高庙文化是中华文明最早发源的文化,它对中华文化的影响很大[19]。

从考古文化发展看,高庙文化沿着长江下去,大约6500年前扩

图5.7　湖南常德城头山古城遗址(上左)、统治者墓葬(上右),以及高庙文化图案与苗族刺绣对照(下)。

展到山东。山东大汶口文化的陶器纹饰图案与高庙文化一脉相承。前面讲到的Y染色体基因F11在这两个考古文化中占据主流,现代人群中F11在湖南是最多的,其次是山东,山东闯关东那一批人,又把这基因带到东北去。所以基因分布和历史分布、考古分布是吻合的。我们现在看起来,高庙文化的发展与苗族基因起源、苗文化发展、传播过程是一致的(图5.7)。我们在贵州台江等地详细调查了苗族的基因,苗族有大量F11类型,苗装上刺绣的凤凰造型与高庙文化的凤凰图案几乎一样,苗族织锦的八角星纹样也与高庙文化八角星徽章几乎一样。F11类型在汉族里面占了五分之一,在苗族里占了一半。

第二个扩张点：中原仰韶文化

1988年，河南濮阳造水库，挖出一个大墓，发现它的历史很悠久，赶紧叫考古队员来清理。一个距今6400多年的仰韶文化遗址就此被发现[17]。清理完了，当地想继续造水库。现在濮阳人都说，这个遗址没有保留下来是千古遗憾，着急造水库干吗，缺水你们忍一忍。这么大的遗址，要是留到现在，比秦始皇兵马俑还要壮观，参观的人会有多少？遗址中最核心的部分，已借到国家博物馆作为常设展览。这个墓葬有上千平方米，墓主人在中间，头朝南，脚朝北，旁边用贝壳排了各种造型（图5.8）。东边排了一条青龙，西边排了一头白虎。南边排了七只动物，第一个是一头驼鹿（即犴，井宿），北极地区、黑龙江北部、大兴安岭都有驼鹿；第二个，在驼鹿背上，是一只山羊（鬼宿）；再往上是一头獐（柳宿）、一匹马（星宿）、一头鹿（张宿）、一条蛇（翼宿）；再一个弯弯曲曲像蚯蚓一样的东西（轸宿）。这七只动物就是南方朱雀七宿。这个排布造型是什么概念？就是所谓"二十八星宿"的漫天星图。东方是青龙七宿，西方是白虎七宿，南方是朱雀七宿，北方是玄武七宿北斗星。众星环绕墓主，他是谁？他可能是图5.6中标示位点为F46的第二个人物，他留下来的后代，在中国人中占了14%。

仰韶文化在中原，很多人说，中原肯定是汉族的老家，仰韶文化肯定是汉文化的祖先。但是且慢，我们要分辨一下仰韶文化的特征。仰韶文化里，出现最多的是太阳纹、水波纹、鱼纹，还有双鱼捧螺、圆圈舞。汉族里面没有把鱼抬到这么高的地位的，鱼不是汉

图5.8 河南濮阳西水坡墓主周围的二十八星宿(上)以及仰韶文化图案(中)与藏缅族群(下)对照。

族的象征。谁喜欢鱼,中国那么多民族里谁对鱼最尊重?是羌族、藏族。藏族人是不吃鱼的,鱼是寄存祖先灵魂的地方,鱼是祖宗灵魂变出来的东西,不能吃。藏族人的“吉祥八宝”中就有双鱼图和宝螺图。只有极个别藏族群体受汉族影响,有打鱼的,但那是很少的现象。仰韶文化西迁以后,羌族、彝族、藏族的文化开始发源。他们喜好跳圆圈舞,但是汉族不会跳这些民族的舞蹈,汉族喜欢唱戏。他们的文化，对汉文化有影响，但不是汉文化的主流。这是氐羌文化，羌人是牧羊人，传说中羌人转向农业的一支姓姜。那个时候不用姓，但是姜姓后人对祖先没姓不理解，心想既然我姓姜，那我的爷爷也姓姜啊，不能说自己的爷爷没有姓。所以传说中，第一位炎帝叫姜石年，末代炎帝叫姜参卢。羊是4100年前从西亚传进来的，之前中国根本就没有驯化的羊。

第三个扩张点：红山文化

那么汉族的文化源头在哪儿？图5.6中标示基因位点为M117的第三个人5400年前生活在辽宁、内蒙古、河北三省区边界地区，曾经的热河省，就是燕山的一脉往北延伸的地方，《山海经》里记载的北次三经。一个现在叫牛河梁的山岗上，5300多年前开始建造金字塔形陵墓，这个中国“金字塔”比埃及金字塔早600年[20,21]。中间金字塔里埋的是这一族群最早的帝王，后面的金字塔里可能埋着他的儿子，再后面山岗的五分之一可能埋着他的孙子。一圈16个人，16座金字塔，16代人，都埋在这个圈里面，排布成天上轩辕星座的形状。北边就是青丘，2018年我去赤峰市敖汉旗探访城子山遗址，那里就是传说中的青丘，在山顶上有200多个五六千年前的祭坛遗迹。山腰间突出一块巨石，惟妙惟肖，是一个狐狸的头（图5.9）。青丘东边就是朝阳谷，有一个半拉山。2015年发现在半拉山东面还有一个比它早二三十年的墓[22]。在中间这位墓主胸前摆了四套仪仗。一面玉璧，代表神权；一顶玉瑁，看过《周礼》的都知道“君礼臣以瑁，臣礼君以圭”，所以玉瑁代表皇权，早期的玉瑁真做得像帽子一样，套在发髻上的形状像马蹄；第三个是熊头玉权杖，代表有熊氏的宗主权；第四个是玉钺，代表军权。神权、皇权、宗主权、军事权，四套权力在他的手上。

这个文化就是红山文化，习惯大量用玉器，爱玉是汉族的传

图5.9　赤峰敖汉旗城子山遗址天然形成的狐狸头巨石。这里是传说中的青丘。

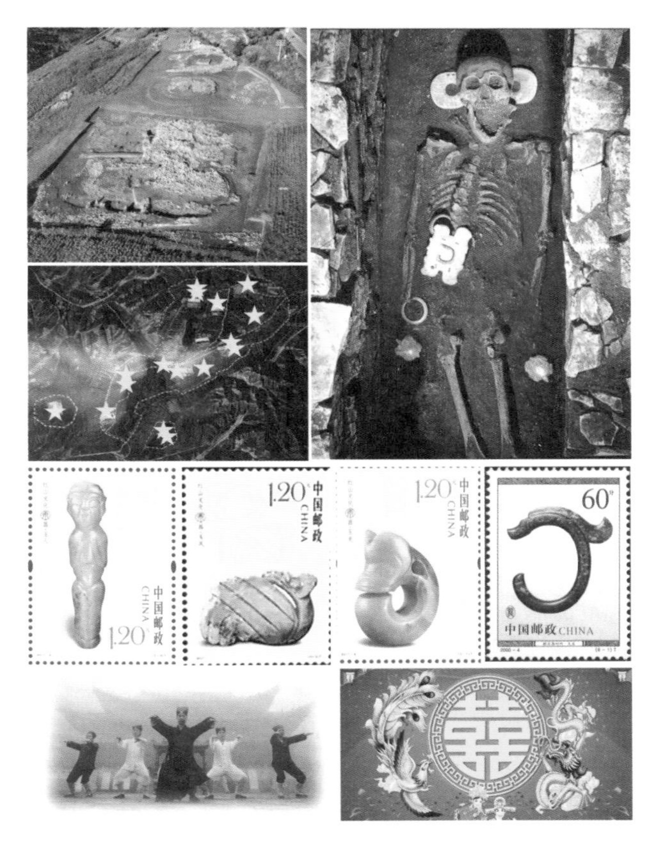

图5.10 辽宁建平牛河梁遗址中央大墓主人遗迹(上),红山文化与汉族对照(下)。

统。而且玉器被雕刻成各种龙凤造型,龙凤又是汉族的标记。然后还有玉熊龙,以及各种小玉人。这些小玉人很有意思。它们把手放在胸前,胸部塌进去,小腹部胀起来,丹田胀气、吸气,这是在练气呢。还有的玉人盘腿而坐,造型各异,都在运气。为什么古人玩这个,还重要到雕成小玉人流传下来?因为《黄帝内经》传下来养生的道理,就是讲练气的。道家的这个学说叫黄老之术。黄老道，黄帝开创，老子总结。道家信仰，也是汉族的核心思想。当然，这件事需要更多研究，很可能是真的。金字塔旁还出土了一个神庙，挖出一个女神，胸部丰满，脸相神奇——当时的审美观念跟现在不太一样。有人看了说，那时崇拜女性，是母系社会。但墓葬挖开一看，全是男的，领袖全是男的，不是母系社会。传说中轩辕黄帝拜九天玄女为师，虽然传说是汉代才记录下来的，但上古的民间传说里可能是一直就有的，这个事也很值得探究。

“五帝”在哪里

中国早期的三皇五帝的历史，能说它没有吗？这些踪迹都在。黄帝、炎帝，轩辕、神农，很可能是后人给他们起的名字。有些人当时有另外的名字，然后后人就用这些名字称呼他们，并尊敬他们，神化他们。三皇是三个大时代，延续几百年，五帝是五个小朝代。所以早期的历史，真的从基因、从考古、从实证的角度，好像看起来没有那么可疑。我们后来再精细地查看遗传谱系时发现，没那么简单，除了这三大祖先以外还有三小，三小以外还有六个更小的。东亚新石器时代有十二个扩张的共同祖先，包括在韩国和日本有两个，在中国境内有十个，比传说中的三皇五帝还多[23]。他们之间的关系，我们现在还没研究清楚，但是迷雾正在渐渐散开的过程中。我们至少发现，颛顼、夏禹跟黄帝对不上，有些历史人物的关系跟《史记》里面记载的有差异。《史记·黄帝本纪》里说，五帝都是黄帝的后代，黄帝是五帝的第一个，从位列三皇变成五帝之一了，而把五帝里面原来第一位的少昊去掉了，为什么呢，因为少昊把黄帝给推翻了，所以他肯定不是黄帝的后代。司马迁希望讲求万世一系，只能有一个祖宗，不能有三个祖宗，更不能有十二个祖宗。只有一个祖宗才叫大一统。这是司马迁的态度。但是我们发现，有些史书里不是这么记录的，《竹书》里就不是这么记载的，以前历史就没有这个说法，到了《史记》才改，司马迁有他的政治目的。以前没证明的东西我们要重新证明，不要去迷信。现在，我们有更多证据去思考“疑古时代”的那些问题。

夏人从哪里来

有一些学者认为，夏朝不存在，夏朝是古人假造的。但是中华文明探源工程把夏朝之前的尧和舜的陶寺遗址挖出来了[24]，尧舜和商朝之间的夏肯定是存在的，只不过夏在哪里，什么文化层是夏，对此还有争议。从单一的学科，比如仅仅从考古学出发，解决不了这个问题。我们用基因来研究，并且与考古学、历史学结合，与挖出来的疑似夏朝遗迹中的贵族的骨头比对一下，就清楚了。而夏朝遗址在哪里，从哪儿才能得到明确为夏朝贵族的骨骸，目前还没解决，是最需要去调查研究的。

我们提出一个可能的假说，接下去就要证明它，这必须把历史问题转化为可以检验的科学问题。夏朝是否存在的问题，实际上就是陶寺文化的尧舜时代（约4300~4000年前）与商朝（约3600~

3000年前)之间这400年的广域王朝能否被证明是传说中的四百载夏朝。要证明是夏朝,关键就是研究夏朝统治家族是否符合我们传说中的血统身世的问题。对于夏朝开创者大禹的身世,有两个说法:其一是“禹出西羌”,来自西北;其二是“夏为越后”,来自江浙。这看似矛盾的说法,能否通过历史人类学梳理出头绪来?只要证明夏后氏的渊源符合这两点,就基本能确定夏朝真实存在。

历史传说确实很神奇,也留下了很多的蛛丝马迹。5000多年前轩辕黄帝通过涿鹿之战一统天下。而我们看到考古文化中这个年代——5300多年前,也发生了翻天覆地的变化。红山文化从辽西南下,成功扩大了影响范围。这是不是轩辕黄帝南下的结果?黄帝带领红山文化的汉族祖先人群得到了中原,得到了天下。很多地方留下了当时的战场遗迹。中原的仰韶文化庙底沟类型发生显著变化,整个仰韶文化大量西迁至甘肃青海一带,变成马家窑文化。马家窑文化其实就是仰韶文化的余绪,只不过从中原搬到了一个新的地方,然后受到新环境的影响,有一些器物稍微变了一些,以适应那里的环境。然后安徽辉煌了600年的凌家滩文化彻底灭亡了。湖南、湖北大溪文化变成屈家岭文化,那里出现的大量玉器,都向东北看齐。长江下游江浙一带,原来是受凌家滩文化影响的崧泽文化,5300年前变成了良渚文化,出现各种玉器,造型和礼仪也向东北看齐。东北红山文化里代表各种权力的玉钺、玉瑁、玉璧(以半拉山陵墓为代表)等,成了良渚文化中最重要的钺、琮、璧。这种现象在全国很多地区或多或少都出现了。但是,良渚人并不从外地进口玉材，良渚早期的玉器，玉材来自东北的目前只发现一具。良渚的中期遗迹中，有从东北传过来的玉器，但是形状都是方的。后期良渚的礼器，用蛇纹石取代了玉，看来跟东北的关系断绝了。

5000多年前，东北的红山文化消失了（华北的延续还在），取而代之的是小河沿文化。小河沿文化的器物都是山东大汶口的纹饰。传说中，山东是少昊氏的地盘，黄帝统一中国的时候没把山东打下来。可能少昊5000年前把黄帝老家给包抄了，变成小河沿文化。这时黄帝式微，统治不了全国各地。后来，黄帝的子孙在江浙的统治也不稳了，可能发生了春秋末年“田代齐姜”式的事情。所以我们研究发现，良渚的贵族不再是红山贵族的O3型Y染色体，而是变成了当地的O1型[25]。

江浙这一带的统治者，很可能就是传说中的颛顼。如今江浙这一带很多人家，家谱上都认颛顼是他们的祖先，和颛顼的文化关系非常密切，这可能是良渚文化所遗留的。史书上说，颛顼是黄帝子孙。颛顼可能并非单指一个人，而是一个帝号，就像炎帝、黄帝，都有很多代。良渚文化的历代首领都可能被称为颛顼。早期的颛顼可能就是黄帝的子孙，后期的颛顼就不见得是黄帝后代（可能发生过“田氏夺齐”式的事件），但颛顼是大禹的祖先，这点应该是明确的,所有书籍都这样记载。颛顼传了几代到鲧，鲧的儿子就是大禹，大禹攫得天下，这一传承可能比较准确。颛顼中的“顼”字，就是玉人头的意思；“颛”字，表示戴着华丽的礼帽。“颛顼”就是戴着大帽子的玉人头(图5.11)。玉人指良渚文化中的人像，当然，更早的是东北红山文化中出现的小玉人，这些小玉人是修道模样的，而在良渚的宗庙里，常见形象是下面刻着兽头的玉琮。历代颛顼的头像被刻在玉琮上，可能就是顼(玉首)的本义。

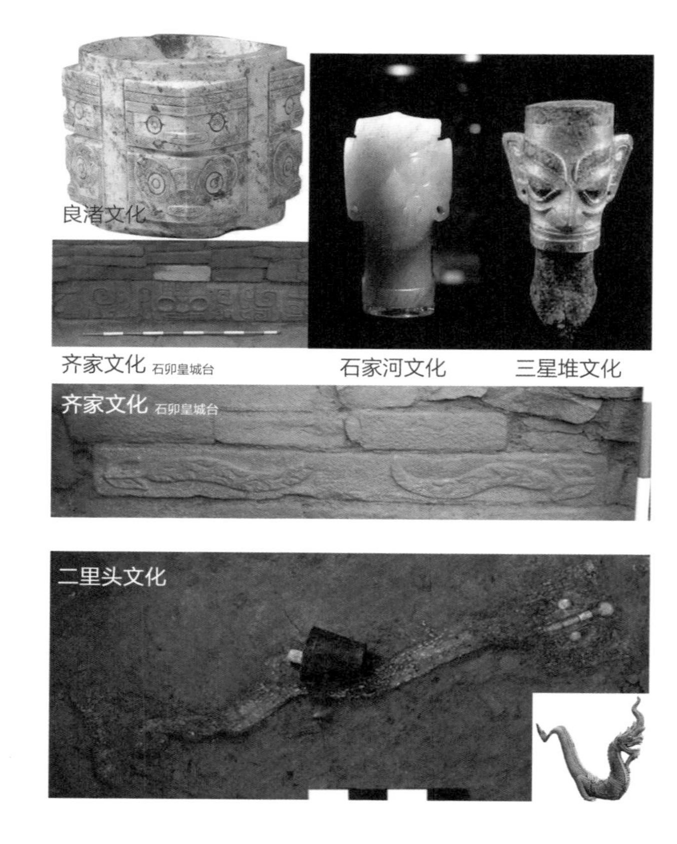

图5.11　良渚、石家河、齐家、三星堆文化的文物可能代表着颛顼和夏朝的传承。

很多地方都有4500年前五帝时代的玉人头像出土，特别是湖北石家河文化（图5.11）中的玉人头像，跟良渚玉琮造型非常接近——有很夸张的大鼻子大耳朵。这个玉器是上海博物馆的馆藏之宝，这个造型与3600年前的三星堆青铜人头像非常相似，这说明三星堆文物不是从埃及、巴比伦来的，而是我们自己传承下来的。以前有玉石就用玉石来做，后来有了青铜合金，就用青铜来做，都是夏人用于祭祀列祖列宗的。后世说“夏人尚鬼”，就是夏人喜欢把自己的祖宗刻成雕像放在一起的意思。这些雕像从良渚文化，延续到颛顼时代的石家河文化，再到齐家文化。

考古中发现，4500年前良渚文化开始北上，进入山东，甚至影响中原。江浙地区的良渚最高统治贵族可能都跑掉了，只剩下留守政府。到4400年前，良渚文化的影响又出现在陕西、甘肃、青海的齐家文化中。齐家文化把马家窑文化取代了。齐家文化中出现大量类似良渚的玉琮、玉璧，还有一些中原的玉刀，所以齐家文化其实可以被称为西北良渚文化。还有一拨人从江浙一带把玉璧带到广东北部韶关一带，产生了广东的良渚文化，叫石硖文化。

这些信息连在一起，是什么关系？研究上古历史，就像破案一样。这段历史很可能是这样的：少昊是五帝第一代，少昊打败末代黄帝，进入中原；过了100年，良渚变强北上，打败少昊得了天下，这就是颛顼时代；再过100年，帝喾从安徽河南一带兴起，打败颛顼夺得天下，颛顼没法回到江浙，于是逃到西北，就形成齐家文化；颛顼流亡到西北，经过几代人，传到大禹。传说“夏为越后”即大禹是东南的越人，又说“禹出西羌”，在这个故事里就都能解释：大禹祖籍浙江，生于陕西。对齐家文化的贵族作基因分析，可以判定他们是不是来自浙江良渚文化的后裔。如果再检测一下疑似夏都的二里头文化遗址中的贵族基因，看看他们与齐家文化的贵族是不是同一个家族的，那么夏朝有没有，就真相大白了。所以齐家文化，特别是石峁古城的贵族基因很重要。齐家文化中的老百姓肯定与夏人的贵族不是同一个族群，而是此前的马家窑文化的当地人，其中很多是5300年前从中原跑过去的仰韶文化贵族的后代。

“一带一路”上的东西方交流可能开始得非常早，4400~4100年前，因为东西方文化的交流，中国的技术和物资传给西方，西方也传给中国三件宝贝，直接传到西北齐家文化中，那就是麦子、羊、青铜。北方以前一直种小米，收成并不好。引种麦子后，能养活更多人。夏人治水，开发黄河流域的河套地区，建设塞上江南，人口就迅速增长起来，夏人还建了陕北神木的石峁古城和旁边延安峁等好几个古城。齐家文化的石峁很有可能是颛顼流亡政府所在地。所以传说中的大禹治水很可能就是兴修河套水利，水治好后可以耕种大片麦田，邦国才可以兴盛。第二件宝贝羊，羊是特别好的肉食来源。羊比猪好养，大禹的士兵吃了肉食身体强壮，比舜的士兵强多了，可被称为战斗民族。第三件宝贝青铜，是开挂的武器，舜帝的士兵都拿着石制兵器，大禹的士兵拿的是青铜武器，坚固多了。所以大约4000年前，考古文化中发现，石峁的力量从陕北武力扩张，攻下山西南部尧都平阳，就是陶寺遗址[26]。舜帝的时代就此结束。上古的三皇五帝可能是8个朝代，每个朝代有很多帝王。例如尸子说“神农七十世有天下”。舜帝可能也不止一个。舜一世死后葬在陶寺，舜二世被大禹追到湖南南边，被传为“南巡”。史书上说，舜南狩禅位于禹。后来舜二世死在湖南，舜帝的两个妃子（舜二世的母亲）半道上哭死在洞庭湖君山，留下了湘妃的传说。

这个故事看来是讲得下去的。有了麦子和羊作为充沛的食物、有了青铜作为锋利武器之后，在大禹治理下，夏人带领着本来被统治的羌人，取得了天下。所以至今很多羌人都认大禹为祖先，也认颛顼为祖先。从那时起羌人的文化变化了，开始养羊，也从那以后叫羌人。《说文解字》说，羌从人从羊。科技考古人员筛选西北地区考古遗址中的麦粒，测定最早的麦粒就是4100年前的[27,28]。4000多年前就建立了传说中的夏朝，这个年代框架，考古结果与历史记载完全对应。所以我们认为夏后氏的起源，最早从良渚开始，4500年前进入中原，开始五帝中第二个朝代颛顼，4400年前流亡到西北，定都石峁开始齐家文化。然后在4000年前又进入中原，建立了夏朝。在二里头的宫城里挖出的最精美的一件青铜重器就是绿松石镶嵌的青铜龙。龙的造型非常奇特，有很夸张的铲刀形面部，大鼻子，小眼睛。同样的造型从来没有在其他考古遗址中发现过，但是2019年，在陕北的石峁古城中挖出的石雕的龙纹，与二里头绿松石青铜龙的造型几乎一模一样（图5.11）。这又是夏人来自西北的一项证据。这是把历史和考古结合在一起的推理。

4400年前颛顼朝被灭，留在江浙良渚文化老家的贵族必然受到打击，良渚文化因此灭亡。统治者向南逃亡到了广东，产生石硖文化。后来这一人群又演化成历史上的百越民族，就是现在的侗傣语系族群。包括老挝、泰国、印度阿萨姆邦的主体民族都是侗傣语系的。实际上泰国常用的龙的造型也是大鼻子小眼睛的，与石峁和二里头的龙可能是同一起源（图5.11）。所以很多少数民族并不是各地独立形成的，而是从中华文明的核心因为历史原因分化出来的，甚至可能是统治者的直接后代。羌人可能是涿鹿之战后失势的炎帝的后人，跑到西北变成藏缅语族的氐羌族群。苗族可能是太昊伏羲氏的血裔，在涿鹿之战中失势，从江淮湖广地区跑到湘西山里去了。侗傣民族是颛顼失去天下后部分贵族跑到南方后变成的。所以民族不是一个个孤立的群体，中华民族本来是一家

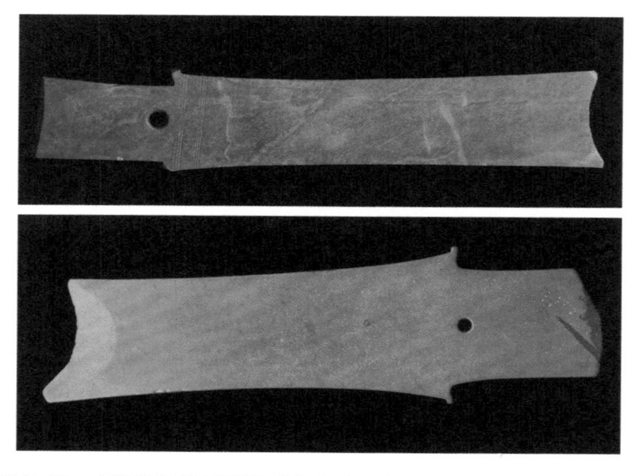

图5.12　广西发现的新石器时代赤璋。这是华夏六礼中礼南方的重器，证明广西邕江流域百越族群在当时已在华夏文明圈内。（实物藏于广西民间收藏博物馆）

子，后来因为各种历史政治原因流散开。涿鹿之战以后，红山文化的原始汉族就融合成更大的汉族，没有走掉留在中原的仰韶文化民众不会变成羌族，而是融入汉族。山东大汶口文化的少昊是太昊伏羲的后代，少昊统治中原的时候，民众也融入了汉族。结果在汉族里，伏羲的后代占的比例最高，达19%，黄帝的后人（O3-M117）比伏羲的（O3-F11）还少一点。

夏朝末年时，商灭夏不仅仅是一场战役。刚开始商汤灭夏，夏人就逃到南方长江流域的安徽，史称“夏都南巢”。南夏北商对峙了大约300年。直到后来商人可能有了战马，才把南夏灭了，夏人又逃到了四川，把宗庙搬到那里，所以留下了三星堆那么多精美的青铜重器。这就是《三字经》里的“四百载，迁夏社”。

中国族群演化之路

历史人类学的研究，将不同领域的丰富证据结合在一起。我们不妨给中国的族群演化作一小结。

第十一棵进化树：汉藏同源

约8000~6000年前，桑干河流域的小米种植人群渐渐增多，向外扩张寻找更多可耕地。约8000年前向南扩散的人群延伸到了黄河流域，发展出裴李岗—仰韶文化。约6000年前向北扩散的人群延伸到西辽河流域，征服了当地的赵宝沟文化人群，发展成了红山文化。汉藏语系的分化就此开始。南下人群奠定了藏缅语族基础，北上人群奠定了汉语族基础。在红山文化最高规格墓葬人骨中，检测到了汉族最主流的Y染色体类型O-M117。

约5400年前，气候转冷，红山文化人群南下，跨过涿鹿的桑干河，可能渐次征服了各地人群，民族发生大融合。因此，约5300年前，中国各地的文化多发生巨变。中原的仰韶文化西迁，征服了甘青的大地湾文化，形成马家窑文化。湖广的大溪文化变成屈家岭文化。江浙的崧泽文化变成良渚文化。各地多开始如红山文化一样大量用玉，也出现了许多同样的刻符。仰韶西迁使汉藏语系最终分化。汉语族成为东部主流，藏缅语族成为西部主流。

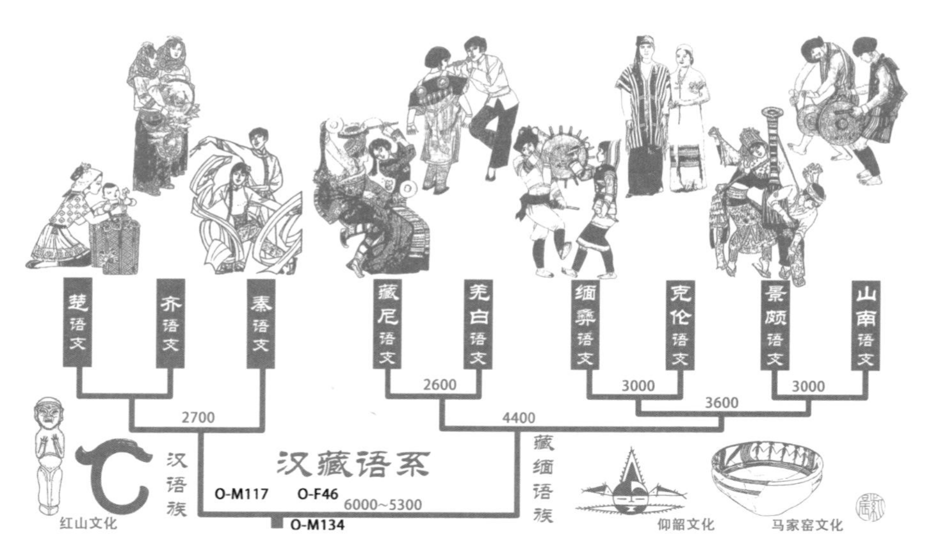

图5.13 第十一棵进化树——汉藏语系演化。图中数字为距今大致年数。

约4400年前,可能由于来自良渚的齐家文化入侵,马家窑文化终结,部分藏缅人群南迁,发生了第一次分化。约3600年前的夏商之战,约3000年前的商周之战,以及约2600年前的秦羌之战,使藏缅语族分化成了6个主要的语支。

春秋战国的诸侯割据,使汉语族分化成了秦、齐、楚3个主要语支。

第十二棵进化树:汉族南下

汉语5000多年前就已南下,并深度影响了长江流域的上古苗瑶语和侗傣语,但早期汉语并未成为长江流域的主流。秦汉时期,对南方的征伐使汉语渐渐强势。而后来中原的历次战乱使汉族大量人口南下,将其基因与语言文化带到了江南和岭南。特别是东晋、晚唐、南宋的三次大规模南迁,使汉族的南方基因组与北方基因组基本趋同,而显著不同于周边少数民族。虽然历史上北方的汉族人群受到外族影响巨大,但在人口比例上汉族占绝对优势,因此汉族各地基因组基本一致,特别是Y染色体。

迁到各地的人群因为交流沟通减少,语言渐渐演变分化,形成诸多方言语种。目前汉语的各主要方言基本是因五代十国时期的割据分化形成的。五代的中原地区形成了官话,北汉形成了晋语,吴越形成了吴语,南唐形成了赣语与客家话,闽国形成了诸闽语,南汉形成了粤语,楚国形成了湘语……

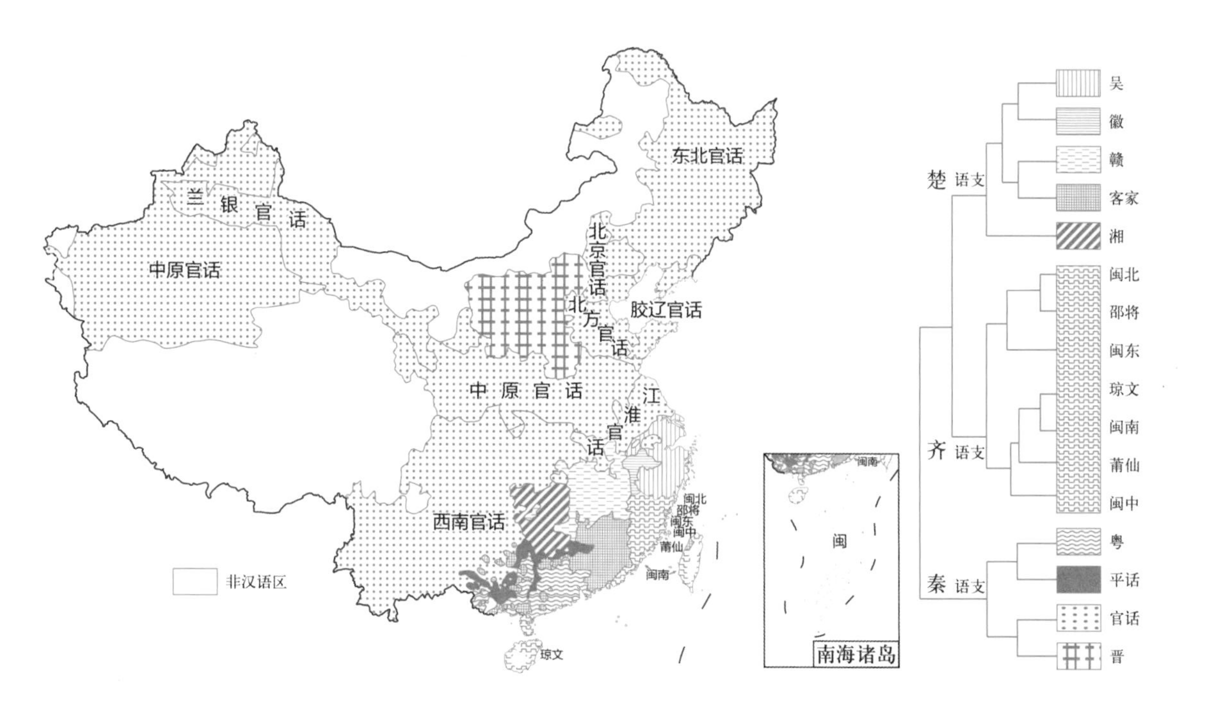

图5.14　第十二棵进化树——汉语族语言演化。

各方言因为移民来源不同,分属于秦、齐、楚三个语支。秦语支丢失了浊辅音,却保留了复杂的韵母系统。楚语支保留了复杂的浊辅音,而丢失了双元音韵母和复杂的韵尾。齐语支有其独特的演化方向,最有特色的是翘舌音变成了普通舌尖塞音(d,t)。

汉族虽然内部有诸多差异,但相对外族在基因、语言、文化诸多方面保持了最大的一致性,更由于政权统一时间长,内部认同强,因此稳定地维持为同一个民族。

第十三课进化树:吴侬软语

江浙地区自古有着独特的文化区系。史前为原始南岛-侗傣语的分布区,经历了马家浜文化、崧泽文化、良渚文化、钱山漾文化、马桥文化等考古时期。至今,上海南郊与丽水若干地区方言还保留了侗傣语特色的缩气塞音与大量侗傣语词汇。

春秋时期越国民众普遍使用侗傣语,当时留下的《越人歌》就记录了这种语言,上层则开始使用吴国从西部带来的汉语楚方言。越王政令《维甲令》(维甲 修内矛 赤鸡稽繇 方舟航 买仪尘 治须虑 亟怒纷纷 士击高文 习之于夷 宿之于莱 致之于单)中就出现了越汉词汇夹用的现象。这可能是现代吴语的起源。

秦汉以后,北方汉族陆续迁入,吴方言渐渐稳定并分化。从北向南的迁徙,在江浙内部形成两条路线,各分化出三个方言区。西线为宣州—婺州—处衢，东线为太湖—台州—东瓯，东线方言之间甚至没有明确的分界线。

北方移民增多也使吴语中的汉源词汇渐渐增多，但这种词汇的改换始终基于早期楚方言的语音——简化的韵母结构。可能由于江浙经济发展较快，特别是南宋以来，吴语发音倾向音节短促以提高效率，因此把所有延长发音时间的双元音和鼻音韵尾都简化成更多样的单元音或腭化音。在北部吴语（太湖方言区）中，这一现象尤为突出，甚至进一步取消了影响音节时长的舒声与入声的音长区分，也取消了入声的塞音韵尾的必需性，代之以不同的元

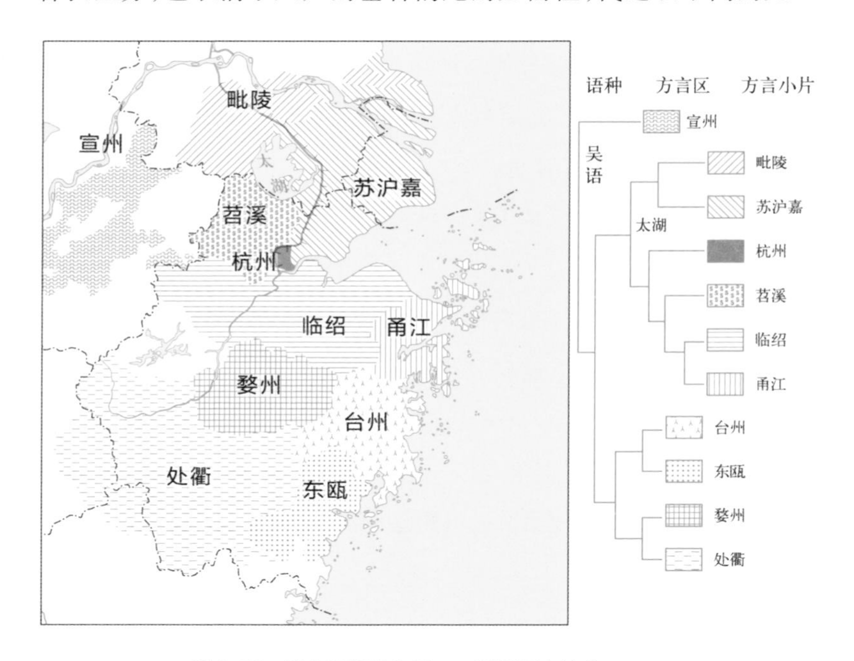

图5.15 第十三棵进化树——吴语语言演化。

音，使元音音位大幅增加。上海奉贤区的傷傣话甚至发展出了20个元音音位，成为世界上元音最多的语言。傷傣话书面形式是发展自楚篆的锦带书。

前文讲述的涿鹿之战与禹夏起源，都是假说，有的证据多一点，有的证据少一点，但是我们可以大胆假设，给出中华民族早期历史的一个版本，这个版本不一定全对，尽管目前的证据似乎充分，但我们还是要继续小心求证。对于早期历史，文字记载也是有的，但是很多古文字学家对文字记载有较多争议。例如，在疑似尧的墓葬里挖出一个陶器，上面写着两个字"大尧"。"尧"字争议比较少，但是那个"大"字争议较多。早期文字不可能从商朝才开始，文字在商朝时已经很成熟了。但是我们发现，早在5300年前，全国各个文化区域，不管湖南、湖北，还是浙江、中原，刻画的符号都是一样的，这跟仓颉造字的传说很可能是一致的。我们传说中的历史很可能都是真的，但需要运用各种研究手段，搞清我们的历史。

有人认为"炎黄"不能讲，"中华"也不能讲，担心一说炎黄，会影响一些少数民族的情绪。其实少数民族也是炎黄的后代，比如维吾尔族里有10%炎黄后代的基因，藏族里面一半的基因都是炎帝神农传下来的，另外，苗族、羌族，很多人都是伏羲炎黄后代。其实西南一些外国人也是炎黄子孙。中华民族的血缘纽带是剪不断的，从来不是想象出来的，而是切切实实存在的。

第六章
发现曹操:Y染色体与基因家谱

现代社会中,几乎每个人都有自己的姓氏。一个人的姓氏不仅仅是简单的符号,还有着丰富的文化、历史、宗族背景。以血缘为脉络的姓氏记录着各家族的源流,常被用于寻根溯源的相关研究。同姓的人相遇,往往会说"我们五百年前是一家",编制一份厘清同姓人们之间亲缘关系的家谱,是很多人的愿望。数千年来,大部分姓氏都从父传递,而人类基因组中的Y染色体严格地遵循父系遗传,因此姓氏与Y染色体有很好的平行对应关系。随着Y染色体上众多遗传标记的发现,用Y染色体来分析同姓人群内的关系,甚至全世界人群间的关系,将在分子人类学领域发挥重要作用,基因家谱必然在现代社会中产生重要影响。

宗族姓氏与Y染色体的父系遗传

父系遗传关系,是家谱中记载的主要遗传关系。虽然姓氏普遍遵从父系遗传,但并不完全遵从。就中国的社会情况而言,收养、继养、入赘甚至直接改姓,都会影响姓氏与父系血统的关联程度。很多影响父系遗传关系的情况并不被忠实记录在家谱中。另一方面,中国大多数姓氏起源于春秋时期的各个封国,当封国内的百姓都以国为姓的时候,这些同国百姓的血统可能本来就不一致,这就造成了很多比较大的姓氏内部遗传结构不一致,同姓不一定同源。即便这样,当我们不拘泥于群体中同一姓氏的研究,而是针对有着明确的历史记载甚至家谱的宗族进行研究时,姓氏无疑还是一个很好的遗传标记。

与姓氏不同,人类的Y染色体直接代表着父系遗传,永远是父子相传的,不会受到任何社会文化和自然因素的影响。由于古代人们多从父姓,勾画一张家系遗传图,无疑会发现,Y染色体跟姓氏流传是同一的(图2.5)。

Y染色体研究姓氏家谱的实践

在实际应用中,姓氏与Y染色体是否具有基本相同的和平行的表现,还要看姓氏传递是否连续和稳定。多项研究证实,各国的姓氏的传承是相对稳定的。利用Y染色体来检测历史上的家族关系疑案,有多项成功的案例,较有意思的是对美国总统杰斐逊(Tomas Jefferson)的研究。1802年,美国第三任总统杰斐逊因被怀疑与女仆萨莉·海明斯(Sally Hemings)有过孩子而遭起诉。此后,人们一直对此事争论不休,而福斯特(Foster)用Y染色体回答了这个问题。福斯特比较了杰斐逊的叔叔、萨莉的大儿子和最小儿子的男性后代Y染色体多态位点,得出结论为杰斐逊是萨莉的最小儿子的生父。Y染色体不但能够解决数百年的疑案,还能追溯数千年前的历史。斯科雷奇(Carl Skorecki)等就证实了《圣经》中的传说。《圣经》中记载,犹太人中的祭司是由犹太教的第一祭司长亚伦(Aaron)开始按血缘代代相传,而身为德系犹太人祭司的斯科雷奇发现他与一名西班牙系犹太人祭司的体质特征差别很大,这让他寝食难安。于是,斯科雷奇与研究Y染色体的专家哈默(Michael Hammer)教授合作,以Y染色体上的多态位点YAP和DYS19来分析犹太教祭司的单倍型,结果显示,德系和西班牙系犹太祭司们与非祭司的犹太人相比有较近的亲缘关系,也就是说祭司们可跨越3300年追溯到一个共同的父系祖先。Y染色体的分析与《圣经》故事的完美契合着实让人吃惊。

对于中国的姓氏与Y染色体的相关性,已有许多研究。多项研究对同一地区内居住的李姓、王姓和张姓等的无关男性个体Y染色体遗传多态性分析表明,此三姓氏中无关男性个体Y染色体的遗传多态性丰富,与不同姓的汉族无关男性相比,群体遗传多样性比较差异不显著。这说明,汉族的大姓内部基本没有同源性,相关Y染色体研究只能在明确的姓氏宗族中开展。宗族的谱系整理只能通过Y染色体进行,而不能仅凭同姓或同祖居地推断。

汉族大姓氏内部的不一致,有很多可能的原因。在理想的情形下，每种姓氏都有一个唯一来源，即该姓氏的奠基者只是一人或是有相同Y染色体单倍型的多人，在姓氏传承过程中没有发生过干扰（改姓、非亲生等），此时一种姓氏可以用一种SNP和STR的单倍型来鉴定。但是，中国的大多数姓氏起源并不单一。周朝的姓氏大多是以封国为氏，后改为姓。比如曹国的王室后代姓曹，但是其仆役后人也可以姓曹，甚至整个封国内所有百姓后代都可以姓曹。而曹国内的百姓来源本来就是多样的，有着各种各样的Y染色体。所以中国的姓氏总体上内部父系血缘不一致。另外，犹如Y染色体STR单倍型随时间而演化出越来越多的类型一样，姓氏在传承过程中经历的时间越长，受到的社会干扰越多，显示出的差异也越大。在中国，姓氏有近5000年的历史，来源复杂，且存在避祸改姓、避讳改姓、过继改姓、皇帝赐姓与贬姓、少数民族用汉姓等问题。举个简单的例子，中国的100个大姓中有53个据称改自姬姓。如此，研究中国的姓氏难度极大。但是，中国又有编修家谱的传统，因此，Y染色体的基因家谱研究就对厘清这纷繁复杂的血缘关系有很大帮助。

家谱是一种以表谱形式记载某一同宗共祖以血缘关系为主体的家族世系繁衍兼及其他方面情况的特殊图书体裁。也就是说，入谱者必须是同宗共祖，即使同姓，若不同祖，也不能修入一部家谱之中。在中国的广大农村，人们一直有着同姓聚居的习俗，加上婚姻半径较小，由家谱确定的某一地域内同姓人群，可以认为是有相同或相近Y染色体的父系隔离群体，这也就为分子人类学分析Y

染色体DNA多样性提供了极好的研究模型。然而,某些家谱里有假托、借抄的内容,因此对于家谱资料的使用必须审慎。但是在Y染色体检验这种无可辩驳的科学证据面前,任何家谱都可以得到检验和修正。姓氏、家谱和Y染色体的关联研究必然成为社会大众编制家谱的新利器,成为研究中国人起源与演变的重要方式,开创历史人类学研究的新篇章。

追踪曹操的基因

前面我们提到了历史人类学研究的第一个案例,用Y染色体破译曹操身世。本章中我们详细谈谈曹操基因研究的故事。2012年,曹操的问题在我们整个人类学的学术界以及民众中都很热,因为我们公布了曹操的基因,已经百分之百确定曹操的血统基因类型。这个消息公布出来以后,网上很多人在关注,很多人在探讨。第一波出现的反应都是骂,质问这个工作研究了有什么用。曹操都死了快两千年了,研究他的基因有什么用,有什么意思,有什么价值?第二波开始就反过来指责那些骂的人,像马伯庸、严锋、《新华每日电讯》的评论员,就反驳那些网民不懂科学,无知,说中国就是被这种功利思想害的,几千年来一直只重视技术,只重视眼前的能够马上应用的东西,不重视基础科学研究,造成了中国近代科技的落后。基础科学研究一般不知道马上有什么用,有什么意义,但是几百年后甚至几千年后,很多科学技术的井喷,很多人类社会的发展和飞跃,都是依据那些看上去没有用的基础科学的一步一步探索带来的积累。实际上这些话说到点子上了。为什么我们中国长期以来,特别是在近代,自然科学的发展落后于西方,就是因为中国文化中有着一种根深蒂固的观念:不重视那些看上去没有用的研究,一直在重视那些马上就可以应用的。比如车轱辘,马上就可以造车;吊井架,马上就可以打水,省很多力。这些应用性的东西,凭经验发明了很多,但是对基础的科学原理都没有探索,所以没有进一步发展的能力。反观西方,古希腊柏拉图(Plato)、亚里士多德等先贤,几千年前就开始研究哲学,研究基础的物理学、数学,那些在当时看上去完全没有用的,根本不能解决什么实际生活问题的学问。但正是因为这些学科的发展积累,到了文艺复兴以后,引发了西方科学的井喷,奠定了现代西方科学的基础。所以现在要说一个研究有没有用,这个问题连问都不应该问,对于基础科学来说,问这种有没有实际用途的问题,几乎是一种罪。

实际上研究曹操基因有没有用呢?当然有用。只不过对于外行来说,这个用处一下子看不到。我研究的领域是生物人类学,属于自然科学。从自然科学的角度看,曹操家族的基因非常有用处。在研究人类进化的过程时,要了解人类基因演变的过程,其间最主要的一个问题是人类进化历史的每一步骤在什么地方、什么时间发生。比如,中国人的酒精代谢基因家族大多有着独特的功能变异,我们计算发现,这些变异是大约2800年前发生扩张的,因此推断商周时期的金属农具应用和粮食贮藏对中国人这一辨毒功能产生了选择。(酒精对人体有害,不啻一种“毒”,而粮食贮藏不当,会发酵产生酒精。)要计算时间,就必须建立一个很精确的分子钟,计算出基因突变的速率。有了这个速率,再度量出两个群体之间的基因的差异,差异就是距离,距离除以速度就等于时间,我们就可以算出两个群体分开的时间。这个速率是怎么算的呢?以前我们有一个很不精确的速率,是通过人和黑猩猩之间的差异算出来的,把人和黑猩猩之间的差异除以人和黑猩猩在地质年代上分化的时间(大约500万年),就得到一个突变速率的数值,这个值很不精确,误差很大。造成这个误差的原因主要在于,人和黑猩猩到底是什么时间分开的,在古生物学上不太确定,大概是在500万年前,但有正负100万年的误差。

用这个突变率值来计算人类演化史上的很多历程,得到的时间误差就往往很大,经常是“3000年±1000年”,有时候是3000年±2000年,正负2000年这样一个误差范围,往往就没有什么意义了。因为4000年里能够发生多少事情,自然环境能发生多大变化,人类社会进步会发生多大的跨越,到底什么样的社会因素和自然因素造成了人类基因组在这个时间段内发生巨大变化……没办法知道,因为没法算准时间。所以从这一点上说,把时间定精确是很重要的。而精确计算突变率用以估算时间,唯一的办法就是在人类有明确记载的大家系里去计算,计算父系遗传的男性Y染色体在家族中的变化速度。就比如,曹丕第72代孙和曹植第73代孙都生活在现代,两个人之间差开了145代,他俩的Y染色体,测一下有多少差别,再除以145,就得出一个比较精确的突变率数值。这比用人和黑猩猩之间的差异算出来的数值要精确得多。如果有很多这样的家系,即一对对的跨很多代的同族,又有明确的记录知道他们跨了多少代,那么我们就可以把这个数据算得越来越精确,最终估算时间的误差也会变得越来越小。

有了一个精确的突变率数值,再去看人类进化过程中每一个事件,什么时候人口减少了,什么时候人口增多了,什么时候人体发生了很大的突变,算出精确的时间点。再看那个时候环境发生什么变化,气候发生什么变化,吃的东西怎么改变了……各种各样的因素综合起来,就知道人类为什么进化,怎么样进化,未来会进化成什么样。任何人类进化的问题都要在这个框架中去研究。所以这一研究对全人类来说意义太大了。要说曹操基因研究出来没用,那简直是开玩笑了。

我们当时为什么要研究曹操呢?这也是很有意思的一件事情。我原先在耶鲁大学工作,2009年7月回到复旦大学任职。回国的时候我就抱着一个想法,在国外找不到记载了几千年的家系,在中国才有,回到中国就是要研究大家系。回来以后,我跟历史系的几位教授一起探讨到底研究什么家系。普通老百姓的家系历史不久,一般都是明清时代开始记载的。宋代之前家系与我们现在派出所里面报户口一样,都是官修的,老百姓是没有权利修的。到了宋代才开始放开,个人可以随便修。很多老百姓,比如有的地主老财家里有钱了，要给自己家里修家谱，就是请一个秀才，花30两银子编一本，把历史上跟他同姓的那些名人，一个个都编得跟他有关系。如此修出来的家谱，家族来源全部都是编造出来的，完全不靠谱。所以，只有早期的官修的家谱才有一定可信度，而官修的家谱只记录帝王将相的家族。

那么帝王将相中找谁呢？找李唐肯定不行，号称李唐后代的太多了，恐怕假的比真的还多。李唐时代太长，而且家族历史太复杂，没法做；后代少的人，比如秦始皇，那也不行，秦始皇的后代恐怕早就不存在了。算来算去，发现曹操的家族最好，为什么最好？因为他时间久远，三国时代开始的；曹家做了几代皇帝，后代也很多，曹操光儿子就有25个，所以家族也挺大。更重要的是，曹操是个英雄人物，也是一个悲情人物，到了宋代以后就从上到下把他抹黑，变成一个负面人物了。特别在民间，名声不好，所以一般没人愿意冒认为是他的后代。谁愿意花30两银子修个家谱把自己变成“奸贼”之后？曹操的后代是很无奈的，不可能把家谱上祖先改掉，但是其他的曹姓家族，一般来说不会贸然认自己是曹操后代。所以我们觉得，研究这个家族非常有优势，从这个家系入手是最可靠的。因此，我们就开始大量地采集曹操的家系样本。

正好，复旦大学历史系的韩昇等几位教授都对这个问题很感兴趣。因为曹操家族研究在社会科学领域也可以解决很多问题。东汉三国是中国历史的转型期，从原来的英雄主义的社会，变成一种士族统治的社会、贵族特权的社会，是一个很特殊的转型期。在转型期，国家、民族、家族之间的互动关系特别重要，但是以前历史学很难去研究这些问题。另外，曹操本身血统谜团很多，曹操的爷爷曹腾是个大太监，权力很大。那么曹操的爸爸曹嵩哪里来的？必然是过继来的。那到底从哪家过继来的？关于这个问题，说法很多，曹操的政敌都骂他，说他来历不明，但是大家说法都不一样，袁绍骂他爸爸是路边捡来的，孙权骂他爸爸是夏侯家过继来的，反正就是说他的血统不是曹家的。外姓过继，在当时的贵族阶层中是败坏门风、丢脸的事情。那么曹嵩到底是哪里过继来的？传统的历史学给不出答案，除非用遗传学的基因技术去做亲子鉴定，否则根本解决不了这个问题。

此外，曹操号称是汉朝的开国丞相——"萧规曹随"的曹参的后代，这写在正史中，那么他就有士族的身份，属于贵族阶级，是贵族统治的既得利益者，他为什么要以"唯才是举"作为政治目标，要打破贵族统治的特权呢？这是跟他的地位、身份不吻合的事情。不过这个矛盾很少有人质疑，也少有人对正史中记载的他的家族来源有怀疑。总之，社会科学上的曹家问题很多，所以当时生物人类学和历史学两方面一拍即合，开始进行曹操家族的历史人类学研究。

定下课题以后，韩昇教授去上海图书馆，去各地图书馆查询家谱，找到了很多曹操后代的家谱。这些家谱问题很多，有的家谱记载曹操后代住于某地，结果去当地找，一个姓曹的都没有。因为历史上人群的流动、家族的迁徙实在太频繁了，很多家谱记载的地方都找不到曹操后代。能找到的只有两家，一家在安徽皖南的绩溪，一家在浙江金华。但只有两家人家解决不了问题，设想，如果两家人家做出来的基因不一样，对不上，那到底谁家是真的，谁家是假的？正当我们发愁的时候，机会来了，曹操墓发现了。2009年，在河南安阳号称发现了曹操墓（图6.1）。我们想这正是寻找曹操家族基因的好机会，就在《文汇报》上发出一篇消息，说我们在研究曹操后代的基因，所以号召全国姓曹的，特别是可能的曹操后代，到我们实验室里来检测基因，来确定你到底是不是曹操的子孙，与曹操墓里面找到的那个人是不是具有同一种家族基因——这个基因当然是指父系遗传的Y染色体基因。这么一来，全国姓曹的就拥到我们实验室来了，每天都来十几、二十几家人，非常轰动，效果明显。有时是一个村子开了一辆大巴，拉了几十个人过来，有时候他

图6.1 曹操墓出土的遗骨和铭牌。

们打来电话要我们过去采样。在短短3个月里，我们采集了全国70多家曹姓家族的上千个样本(图6.2)。

这个过程中发生了很多有趣的事情。一次，有人打来电话说："我们村子600多号人全部是姓曹的，你快来抽血吧。"我们很高兴，带了几百支试管过去采样。结果发现不对，这一个村子里面都是六七代之前同一名男子的后代，那么他们的父系遗传的Y染色体，都是晚近的同一个Y染色体的拷贝，实际上都是差不多的，几乎一

图6.2　曹氏家族遗传调查。

样，我们采来也是重复的样本。所以我们只用了一支试管，采了一名年纪最大的老爷爷的血样，够了。

把所有的样本分析研究以后，发现曹操家族果然和其他曹姓家族不一样，很有特点。图6.3中是我们对全国各地曹姓家族分布和Y染色体基因类型的调查。其中，五角星代表该家族有文字记载他们是曹操后代——或者家谱记录，或者方志记载，或者是人类学调查报告说明。圆圈标记的家族是家谱里面没有记载，或者是家族有记载不是曹操后代的。三角形表示的，是该家族有记载是“萧规曹随”的曹参丞相的直接后代，但不是曹操后代。不同的颜色代表不同的Y染色体的类型。

我们在全国找到了9个有书面证据的曹操后代家族，分别位于辽宁铁岭、东港，山东乳山，江苏盐城，安徽舒城、绩溪，湖南长沙，广东徐闻，浙江金华。在这9个家族中，有8家的Y染色体都是O2-F1462类型。9家里面有8家，这个比例非常高，而O2-F1462这种类型在普通汉族里面所占比例只有不到5%。我们同时调查了其他普通的曹姓，发现他们的Y染色体什么类型都有，频率跟普通的汉族没有什么差别，也就是说一般的曹姓他们来源是多样化的，不是单一来源。正因为普通的曹姓什么都有，才能体现出曹操家族的特别，跟其他的曹姓不一样。曹操后代有共同的特征。O2-F1462就可以作为曹操家族的标志。

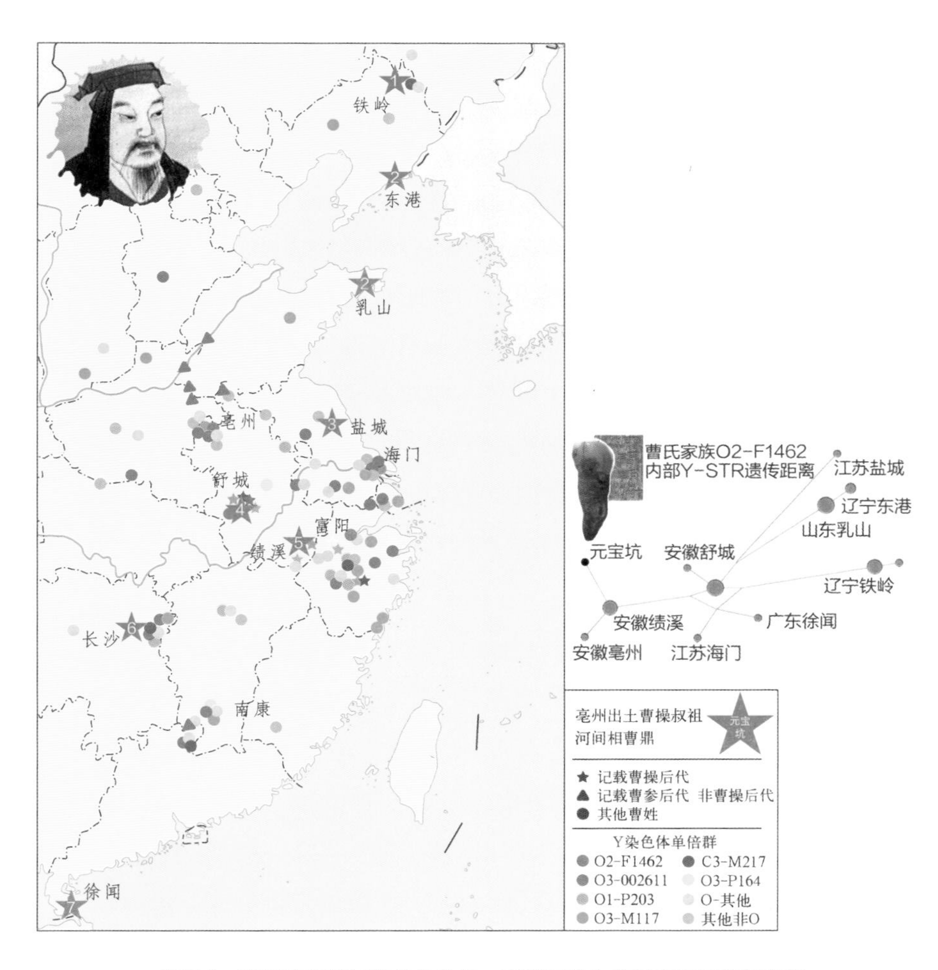

图6.3 曹操家族的Y染色体分析。家谱记载为曹操直系后代的现代9个独立家族中，有8个家族的Y染色体为少见的O2-F1462型，显著性达到P=9×10^{-5}，证明曹操Y染色体是该类型。而安徽亳州的曹操祖辈墓葬元宝坑1号的遗骨（可能是曹腾弟河间相曹鼎）也属于此类型，与现代曹操后人紧密关联。夏侯氏、曹参后人都不是该类型。故此，曹操之父来自家族内部过继，该家族并非曹参本族。

经统计学检验，发现这种类型作为曹操家族特有标记的显著性P值非常低，数量级达到了10^{-5}。一般来说，显著性值低于0.05就表示事件显著，如果是低于0.01就是极显著，现在是0.000 09，极其显著，就说明这个结果是非常可靠的。换算成概率的话，这种类型是曹操类型的概率在93%左右，这实际上已经很高了。传统的按照文本比较和挖掘来研究历史，对争议问题得出结论的可靠性偏高，估计可以达到70%，对于人文学科来说，这样的结论是很可靠的。很多人文学者往往以为一些权威下的结论的可靠性是100%，但是这些结论往往是依靠权威的经验来作主观判断的。而有了自然科学的技术研究历史问题，我们就能把历史研究的可靠性提高到90%多，那是多大的进展呀！

当然，这90%多还不是百分之百，怎么能把它提高到百分之百呢？是不是把所有的家族做出来都一样，才算是百分之百？比如，我们发现有6个曹参后代家族，他们的类型全部都一样，都是O3-002611。在曹参后代家族中全部是一种类型，算不算百分之百可靠？也不能这么算，这个算法很复杂。这6个家族全部记载是曹参的后裔，但都不是曹操的后裔，他们的Y染色体都是O3-002611类型，所以跟曹操的后代是不一样的，证明曹操不是曹参的后代。但是《后汉书》里面都明确记载曹操家族来自曹参，为什么我们的结果与正史矛盾了？我们后来翻阅了很多资料，发现曹操家族在不同时期分别拜祭过商朝的曹侠、周朝的曹叔振铎，也拜祭过曹参。这些曹姓先人实际上血统是不一样的。这个史实证明，曹操家族对于自己家族来历实际上不是很清楚，只是到最后才全家统一口径说是曹参后代。很可能是曹操的爷爷曹腾利用手里的职权，把官方的家谱给改了，以便获得贵族权利，让亲族掌权。所以也能够理解曹操的政治诉求，为什么要讲"唯才是举"，为什么要推进政治体制改革，实际上可能有他小时候的背景的影响。他本来小时候不是贵族，曾经受到过压迫，等长大了以后，改头换面，戴上贵族的帽子，但是心里面还是有个想法：士族特权是不好的。

另外一点很有意思，《三国演义》说曹操是夏侯家的血脉，但实际上我们研究的结果不支持这一说法。我们检测了很多姓夏侯的人，也号召姓夏侯的人到我们实验室来做检测。夏侯家族中Y染色体类型很多，但是最常见的是O1a-P203类型，且没有Y染色体O2的类型，这证明曹操家和夏侯家的血统肯定不一样。

另外还有一支家族姓"操"，不姓曹。民间传说他们也是曹操的后代，为避司马氏的迫害，在逃亡过程中隐姓埋名，改姓"操"。后来我们去调查，发现各地操姓的染色体是O3-P164的类型，跟曹操家的类型也不一样，所以他们肯定不是曹操的后代。再看他们的家谱，发现他们有的老家谱明确记载，说他们应该是春秋时代的鄛公的后代，而且家谱的前言里明确说他们"不是奸臣之后"。所以民间传说与文本不吻合，但是文本与基因检测结果是吻合的，证明文本是对的。

那么曹嵩到底是谁家的血统呢？曹操后代的O2-F1462到底来自哪个家族？为了研究这个问题，为了百分之百确定曹操的血统，我们去了曹操的老家安徽亳州调查，寻找曹操的祖先。亳州位于安徽最北部，曹操的祖辈、父辈的一批人，以及曹操的弟弟曹德等，都葬在那边。曹德墓修得非常好，九宫阵的结构。我们去亳州找曹氏祖先墓葬遗骸时，文管部门就首先带我们去看曹德墓。进去以后，我们询问遗骨在哪里，于是找来当年发掘这个墓的考古队长，他说当时找出来很多骨头。我问，那骨头在哪里，我们可以做DNA。他说，当年都不重视，以为骨头不算文物，就随便扔在土堆边上。挖出来的封土堆在边上，骨头也堆在边上。当年老百姓要挖土填猪圈，就把这个土给挖过去了，骨头也混在土里面了。这太坑爹了，曹操的弟弟可能填到猪圈里去了！

我们又去看曹操的爷爷曹腾的墓，那里造了一个公园，墓里面还放了他的银缕玉衣，规格非常高。我们问骨头在哪里，得到的回答也是骨头不见了，发掘以后没注意。但是老队长一拍脑袋说想起来了，40多年前挖了曹操爷爷的弟弟曹鼎的墓，那个墓葬叫作元宝坑，当时挖出来的骨头保存得非常好，虽然大部分骨头没保留，但他看到有两颗牙亮晶晶的，像珠宝一样，觉得这两颗牙很有价值就留了下来，想着说不定以后科学发达了会派得上用场。所以，40多年前，他就把这两颗牙装入信封，和其他文物一起放到仓库里去了。于是，我们赶紧跟着他去仓库里看。

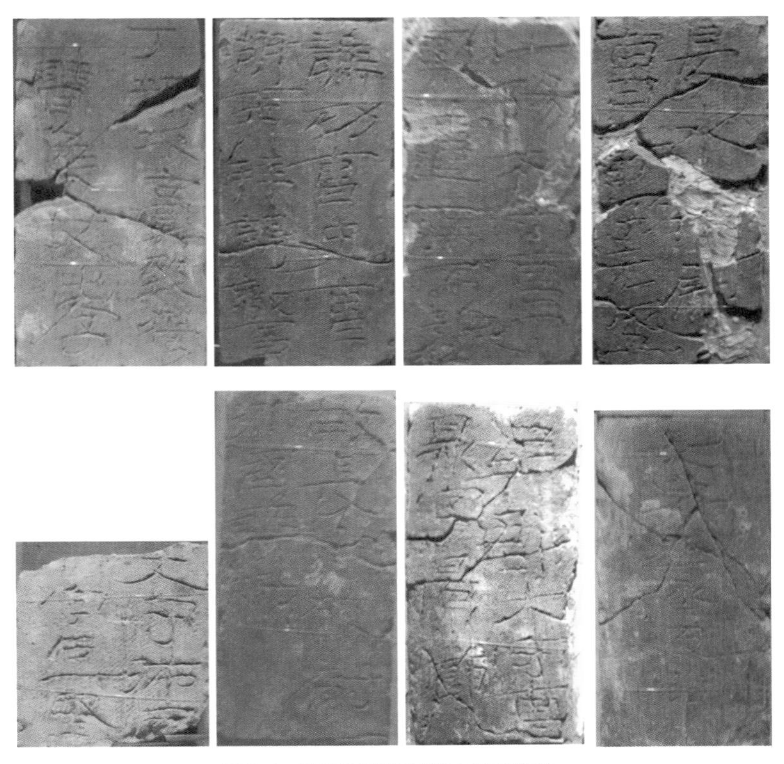

图6.4 亳州元宝坑汉墓中的文字砖。

对于考古界来说，元宝坑墓特别有价值。因为这个墓里面的文字材料特别多，而对于考古学研究来说，文字材料比实物材料要有价值得多，它是能够直接说明问题的东西。在这个墓葬里面，墓壁上面写满了字，就像旅游景点到处刻着“谁谁到此一游”。实际上都是当年曹家有名有姓、有头有脸的人，比如“山阳太守曹勳”“长水校尉曹炽”等，在里面留了名（图6.4），表示说墓主下葬的时候他们也随礼了。墓葬里面的材料对于研究当年曹家的历史，研究东汉末年整个社会的历史,价值非常高,因此成为亳州博物馆的镇馆之宝。

文物保管员在博物馆仓库里翻了半天,把这两颗牙翻出来了,还装在当年的牛皮纸信封里,上面写着"元宝坑墓人前臼齿中共安徽省亳县委员会"。其中一颗质量果然非常好,亮晶晶的。我们带回来以后,把它拿到我们的古DNA实验室研究。这是一个空气完全与外面隔绝的实验室,操作人员进去时都穿着太空服一样的防护服,全身防护起来进行操作。因为古代的DNA降解得很快,骨骸中没有剩下多少DNA成分,我们随便一次呼吸、一个喷嚏或者滴了一滴汗上去,所留下的DNA就比骨骼里面的DNA多上几万倍,那样就没法研究了。所以我们必须把自己整个包起来,与古代样品严格隔开。我们把牙也整个包起来,用蜡封住,然后开一个小口,就像做手术一样,钻一个小洞,把里面的骨粉掏出来,再从骨粉里面抽出DNA去鉴定。结果其Y染色体DNA果然是O2-F1462的类型,跟曹操后代的Y染色体完全一样。

那么这个墓葬到底是谁的?怎么确定它是曹腾的弟弟曹鼎的呢?在该墓中,所有的墓砖上面都刻着什么太守、什么校尉,各种各样的官职,但是只有一块写的是"河间明府"。明府是对郡一级的行政长官的一种敬称,如果是普通的郡,他就是太守;如果是一个诸侯国,他就是国相。墓葬最显著的地方刻着"河间明府"四个字,这个与众不同的称呼是对河间相曹鼎的敬称。《后汉书》中有记载:“又劾奏河间相曹鼎臧罪千万。鼎者,中常侍腾之弟也。腾使大将军梁冀为书请之,衍不荅,鼎竟坐输作左校。”明确说曹鼎是曹腾四兄弟中的一个。所以就确定了这颗牙齿的主人是曹鼎。这颗牙齿的Y染色体DNA跟现在绩溪的曹家,以及亳州、舒城、海门、徐闻的曹家都非常近,跟盐城、东港、乳山、铁岭的曹家也都有较近的关系。所以根据我们的实验结果,曹操的后人和曹操的祖辈对上了。两头对上了,中间这个人——曹操肯定就错不了了,他的Y染色体百分之百就是同样类型的。两点拉一条直线,中间肯定不会偏差了。所以我们就百分之百地确定了曹操的基因,我们可以骄傲地说:“曹操,你爹的亲子鉴定报告出来了。”

结语
我们是谁

人总喜欢“追根溯源”。从横向来看，幼年时，我们先对“我父母是谁”有所认知，然后认识自己的家族，认识自己所在的地域、学习相应的方言，认识自己的国家、民族，再放眼更广阔的世界。从纵向看，我们询问自己长辈的名姓，津津有味地查看自己的家谱，探寻家族的变迁。我们可能还感兴趣于族群的演变，文明的源流，甚至，好奇地发问我们作为“人类”这个物种，来自何方。

毕竟，很多时候，知道从哪里来，才能决定往哪里去。

通过DNA研究人类起源、族群演化、家族变迁是方兴未艾的领域，它的最精彩之处，是它并非孤立，而是要结合其他领域的研究结果，最终将结论变得坚实可靠。相关研究除了自然科学上的意义之外，社会意义也不容忽视：

重建姓氏、家谱与Y染色体的关系将成为历史人类学研究的重要内容。基因家谱必将成为和谐社会的一大利器。

正确认识人类历史与种族差异,反对宣扬种族优劣的种族主义,有助于促进人类社会的和谐,也有助于推进医学等相关科学的发展。

认识中华民族同根同源,有助于民族的团结。《左传》说“国之大事,唯祀与戎”,把“国之大事”做好,是我们的责任,也是中华民族团结起来的非常重要的信仰基础。

参考文献

第三章 来自猩猩的你:探寻"人"的起源

1. Locke D P, Hillier L W, Warren W C, et al. Comparative and demographic analysis of orangutan genomes [J] Nature, 2011, 469(7331): 529-533.

2. Tattersall I. Once we were not alone [J]. Scientific American, 2000, 282(1): 56-62.

3. Stringer C. Evolution: what makes a modern human [J]. Nature, 2012, 485(7396): 33-35.

4. Brown P, Sutikna T, Morwood M J, et al. A new small-bodied hominin from the Late Pleistocene of Flores, Indonesia [J]. Nature, 2004, 431(7012): 1055-1061.

5. Détroit F, Mijares A S, Corny J, et al. A new species of Homo from the Late Pleistocene of the Philippines [J]. Nature, 2019, 568(7751): 181-186.

6. Green R E, Krause J, Briggs A W, et al. A draft sequence of the Neandertal genome [J]. Science, 2010, 328 (5979): 710-722.

7. Reich D, Green R E, Kircher M, et al. Genetic history of an archaic hominin group from Denisova Cave in Siberia [J]. Nature, 2010, 468(7327): 1053-1060.

8. Krause J, Fu Q, Good J M, et al. The complete mitochondrial DNA genome of an unknown hominin from Southern Siberia [J]. Nature, 2010, 464(7290): 894-897.

9. Reich D, Patterson N, Kircher M, et al. Denisova admixture and the first modern human dispersals into Southeast Asia and Oceania [J]. American Journal of Human Genetics, 2011, 89(4): 516-528.

10. Fu Q, Meyer M, Gao X, et al. DNA analysis of an ear-

ly modern human from Tianyuan Cave, China [J]. Proceedings of the National Academy of Sciences of the United States of America, 2013, 110(6): 2223-2227.

11. Mendez F L, Krahn T, Schrack B, et al. An African American paternal lineage adds an extremely ancient root to the human Y Chromosome phylogenetic tree [J]. American Journal of Human Genetics, 2013, 92(3): 454-459.

12 .Hammer M F. Human hybrids [J]. Scientific American, 2013, 308(5): 66-71.

13. Abdulla M A, Ahmed I, Assawamakin A, et al. Mapping human genetic diversity in Asia [J]. Science, 2009, 326(5959): 1541-1545.

14. 庚镇城.进化着的进化学:达尔文之后的发展[M].上海:上海科学技术出版社,2016.

15. 李辉.来自猩猩的你[M].萨尔布吕肯:金琅学术出版社,2015.

16. Pilbeam D. The Ascent of Man: An Introduction to Human Evolution [M]. New York: Macmillan, 1972.

17. Frayer D W. Metric dental change in the European upper paleolithic and Mesolithic [J]. American Journal of Physical Anthropology, 1977, 46(1): 109-120.

18. Mayden R L. A hierarchy of species concepts: the denouement in the saga and the species problem [M]// Claridge M F, Dawah H A, Wilson M R. Species: The Units of Biodiversity. London: Chapman & Hall, 1997: 381-424.

19. Darwin C R. On the Origin of Species by Means of Natural Selection, or the Preservation of Favoured Races in the Struggle for Life (1st edition) [M]. London: John Murray, 1859: 59.

20. De Queiroz K. Ernst Mayr and the modern concept of species [J]. Proceedings of the National Academy of Sciences of the United States of America, 2005, 102(102): 6600-6607.

21. Yin M, Wolinska J, Giesler S, et al. Clonal diversity, clonal persistence and rapid taxon replacement in natural populations of species and hybrids of the Daphnia longispina complex [J]. Molecular Ecology, 2010, 19(19): 4168-4178.

22. Alström P. Species concepts and their application: insights from the genera *Seicercus* and *Phylloscopus* [J]. Acta Zoologica Sinica, 2006, 52 (S): 429-434.

23. Meyer M, Arsuaga J L, De Filippo C, et al. Nuclear DNA sequences from the Middle Pleistocene Sima de los Huesos hominins [J]. Nature, 2016, 531(7595): 504-507.

24. Noonan J P, Coop G, Kudaravalli S, et al. Sequencing and analysis of Neanderthal genomic DNA [J]. Science, 2006, 314(5802): 1113-1118.

25. Erren T C, Cullen P, Erren M, et al. Comparing Neanderthal and human genomes [J]. Science, 2007, 315(5819): 1664-1664.

26. Vernot B, Akey J M. Complex history of admixture between modern humans and Neandertals [J]. American Journal of Human Genetics, 2015, 96(3): 448-453.

27. Sankararaman S, Mallick S, Dannemann M, et al. The genomic landscape of Neanderthal ancestry in present-day humans [J]. Nature, 2014, 507(7492): 354-357.

28. Prüfer K, Racimo F, Patterson N, et al. The complete genome sequence of a Neanderthal from the Altai Mountains [J]. Nature, 2014, 505(7481): 43–49.

29. Fu Q, Posth C, Hajdinjak M, et al. The genetic history of Ice Age Europe [J]. Nature, 2016, 534(7606): 200–205.

30. Simonti C N, Vernot B, Bastarache L, et al. The phenotypic legacy of admixture between modern humans and Neandertals [J]. Science, 2016, 351(6274): 737–741.

31. Kuhlwilm M, Gronau I, Hubisz M J, et al. Ancient gene flow from early modern humans into Eastern Neanderthals [J]. Nature, 2016, 530(7591): 429–433.

32. Lowery R K, Uribe G, Jimenez E B, et al. Neanderthal and Denisova genetic affinities with contemporary humans: Introgression versus common ancestral polymorphisms [J]. Gene, 2013, 530(1): 83–94.

33. Sawyer S, Renaud G, Viola B, et al. Nuclear and mitochondrial DNA sequences from two Denisovan individuals [J]. Proceedings of the National Academy of Sciences of the United States of America, 2015, 112(51): 15696–15700.

34. 方少青.古猿怎样变成人[M].北京:中国青年出版社,1977.

35. 贾兰坡.中国大陆上的远古居民[M].天津:天津人民出版社,1978.

36. 吴汝康,吴新智,邱中郎,等.人类发展史[M].北京:科学出版社,1978.

37. 吴汝康.人类的起源和发展(第二版)[M].北京:科学出版社,1980.

38. 上海自然博物馆.人类的起源[M].上海:上海科学技术出版社,1980.

39. 李辉,金力.Y染色体与东亚族群演化[M].上海:上海科学技术出版社,2015.

40. Booth R G. *Homo sapiens*: a species too successful [J]. Journal of the Royal Society of Medicine, 1990, 83(12):757–759.

41. Last J M. *Homo sapiens*: a suicidal species? [J] World Health Forum, 1991, 12(2): 121–126; discussion 126–139.

42. Weinstein S A, Gelb M, Weinstein G, et al. Thermophysiologic anthropometry of the face in *Homo sapiens* [J]. Cranio, 1990, 8(3): 252–257.

43. Schwartz J H, Tattersall I. Significance of some previously unrecognized apomorphies in the nasal region of *Homo neanderthalensis* [J]. Proceedings of the National Academy of Sciences of the United States of America, 1996, 93(20): 10852–10854.

44. [No authors listed] Hominid sites ravaged by *Homo sapiens* [J]. Science, 1993, 262(5130): 34.

45. Tiemei C, Quan Y, En W, et al. Antiquity of *Homo sapiens* in China [J]. Nature, 1994, 368(6466): 55–56.

46. Tuttle R H. The emergence of *Homo sapiens*: the origins of modern humans [J]. Science, 1985, 228(4701): 868–869.

47. Penny D, Steel M, Waddell P J, et al. Improved analyses of human mtDNA sequences support a recent African origin for *Homo sapiens* [J]. Molecular Biology and Evolution, 1995, 12(5): 863–882.

48. Hammer M F. A recent common ancestry for human Y chromosomes [J]. Na-

ture, 1995, 378(6555): 376-378.

49. Li Z, Wu X, Zhou L, et al. Late Pleistocene archaic human crania from Xuchang, China [J]. Science, 2017, 355(6328): 969-972.

第四章 当语言遇上基因:东亚的人类起源与族群演化

1. Cavalli-Sforza L L. The Chinese human genome diversity project [J]. Proceedings of the National Academy of Sciences of the United States of America, 1998, 95(20): 11501-11503.

2. Jobling M A, Tyler-Smith C. Father and sons: the Y chromosome and human evolution. Trends Genet, 1995, 11(11): 449-456.

3. Underhill P A, Shen P, Lin A A, et al. Y chromosome sequence variation and the history of human populations [J]. Nature Genetics, 2000, 26(3): 358-361.

4. Su B, Xiao J, Underhill P. Y-chromosome evidence for a northward migration of modern human into Eastern Asia during the last ice age. American Journal of Human Genetics, 1999, 65(6): 1718-1724.

5. Ke Y, Su B, Song X. rican origin of modern humans in East Asia: a tale of 12 000 Y chromosomes[J]. Science, 2001, 292(5519): 1151-1153.

6. Green R E, Krause J, Briggs A W, et al. A draft sequence of the Neandertal genome [J]. Science, 2010, 328(5979): 710-722.

7. Reich D, Green R E, Kircher M, et al. Genetic history of an archaic hominin group from Denisova Cave in Siberia [J]. Nature, 2010, 468(7327): 1053-1060.

8. Wang C C, Farina S E, Li H, et al. Neanderthal DNA and modern human origins [J]. Quaternary International, 2013: 126-129.

9. Shi Y F, Cui Z J, Li J J. Quaternary Glacier in Eastern China and the Climate Fluctuation [M]. Beijing: Science Press, 1989.

10. Jobling M A, Hurles M, Tyler-Smith C. Human Evolutionary Genetics: Origins, Peoples and Disease [M]. New York: Garland Science, 2004.

11. Clark P U, Dyke A S, Shakun J D, et al. The Last Glacial Maximum [J]. Science, 2009, 325(2941): 710-714.

12. Zhong H, Shi H, Qi X B, et al. Extended Y Chromosome investigation suggests postglacial migrations of modern humans into East Asia via the Northern Route [J]. Molecular Biology and Evolution, 2011, 28(1): 717-727.

13. Piazza A. Towards a genetic history of China [J]. Nature, 1998, 395(6703): 636-637,639.

14. Yan S, Wang C C, Li H, et al. An updated tree of Y-chromosome Haplogroup O and revised phylogenetic positions of mutations P164 and PK4 [J]. European Journal of Human Genetics, 19(9): 1013-1015.

15. Shi H, Dong Y, Wen B, et al. Y-Chromosome evidence of southern origin of the

East Asian: specific haplogroup O3-M122 [J]. American Journal of Human Genetics, 2005, 77(3): 408–419.

16. Kayser M, Choi Y, Van Oven M, et al. The impact of the Austronesian expansion: evidence from mtDNA and Y-chromosome diversity in the Admiralty Islands of Melanesia [J]. Molecular Biology and Evolution, 2008, 25(7): 1362–1374.

17. Su B, Jin L, Underhill P A, et al. Polynesian origins: insights from the Y chromosome [J]. Proceedings of the National Academy of Sciences of the United States of America, 2000, 97(15): 8225–8228.

18. Ding Q L, Wang C C, Farina S E, et al. Mapping human genetic diversity on the Japanese Archipelago [J]. Advances in Anthropology, 2011, 01(2): 19–25.

19. Hammer M F, Karafet T M, Park H, et al. Dual origins of the Japanese: common ground for hunter-gatherer and farmer Y chromosomes [J]. Journal of Human Genetics, 2006, 51(1): 47–58.

20. Zhivotovsky L A. Estimating divergence time with theuse of microsatellite genetic distances: impacts of populationgrowth and gene flow [J]. Molecular Biology and Evolution, 2001, 18(5): 700–709.

21. Zhivotovsky L A, Underhill P A, Cinnioğlu C, et al. The effective mutationrate at Y chromosome short tandem repeats, with applicationto human population-divergence time [J]. American Journal of Human Genetics, 2004, 74: 50–61.

22. Cai X, Qin Z, Wen B, et al. Human migration through bottlenecks from Southeast Asia into East Asia during Last Glacial Maximum revealed by Y Chromosomes [J]. PLOS ONE, 2011, 6(8): e24282.

23. Wang C C, Yan S, Qin Z D, et al. Late Neolithic expansion of ancient Chinese revealed by Y chromosome haplogroup O3a1c-002611 [J]. Journal of Systematics and Evolution, 2013, 51(3): 280–286.

24. Zhong H, Shi H, Qi X B, et al. Global distribution of Y-chromosome haplogroup C reveals the prehistoric migration routes of African exodus and early settlement in East Asia [J]. Journal of Human Genetics, 2010, 55(7): 428–435.

25. Kayser M, Brauer S, Cordaux R, et al. Melanesian and Asian origins of Polynesians: mtDNA and Y chromosome gradients across the Pacific [J]. Molecular Biology and Evolution, 2006, 23(11): 2234–2244.

26. Sengupta S, Zhivotovsky L A, King R, et al. Polarity and temporality of high-resolution Y-chromosome distributions in India identify both indigenous and exogenous expansions and reveal minor genetic influence of Central Asian pastoralists [J]. American Journal of Human Genetics, 2006, 78(2): 202–221.

27. Gayden T, Cadenas A M, Regueiro M, et al. The Himalayas as a directional barrier to gene flow [J]. American Journal of Human Genetics, 2007, 80(5): 884–894.

28. Karafet T M, Mendez F L, Meilerman M B, et al. New binary polymorphisms reshape and increase resolution of the human Y chromosomal haplogroup tree [J]. Genome Research, 2008, 18(5): 830–838.

29. Karafet T M, Xu L, Du R, et al. Paternal population history of East Asia: sources, patterns, and microevolutionary processes [J]. American Journal of Human Genetics, 2001, 69(3): 615–628.

30. Thangaraj K, Singh L, Reddy A G, et al. Genetic affinities of the Andaman Islanders, a vanishing human population [J]. Current Biology, 2003, 13(2): 86–93.

31. Shi H, Zhong H, Peng Y, et al. Y chromosome evidence of earliest modern human settlement in East Asia and multiple origins of Tibetan and Japanese populations [J]. BMC Biology, 2008, 6(1): 45.

32. Wen B, Xie X, Gao S, et al. Analyses of genetic structure of Tibeto-Burman populations reveals sex-biased admixture in southern Tibeto-Burmans [J]. American Journal of Human Genetics, 2004, 74(5): 856–865.

33. Chandrasekar A, Saheb S Y, Gangopadyaya P, et al. YAP insertion signature in South Asia [J]. Annals of Human Biology, 2007, 34(5): 582–586.

34. Delfin F C, Salvador J M, Calacal G C, et al. The Y-chromosome landscape of the Philippines: extensive heterogeneity and varying genetic affinities of Negrito and non-Negrito groups [J]. European Journal of Human Genetics, 2011, 19(2): 224–230.

35. Scholes C, Siddle K, Ducourneau A, et al. Genetic diversity and evidence for population admixture in Batak Negritos from Palawan [J]. American Journal of Physical Anthropology, 2011, 146(1): 62–72.

36. Rootsi S, Zhivotovsky L A, Baldovic M, et al. A counter-clockwise northern route of the Y-chromosome haplogroup N from Southeast Asia towards Europe [J]. European Journal of Human Genetics, 2007, 15(2): 204–211.

37. Derenko M V, Malyarchuk B A, Denisova G A, et al. Y-chromosome haplogroup N dispersals from south Siberia to Europe [J]. Journal of Human Genetics, 2007, 52(9): 763–770.

38、Mirabal S, Regueiro M, Cadenas A M, et al. Y-Chromosome distribution within the geo-linguistic landscape of northwestern Russia [J]. European Journal of Human Genetics, 2009, 17(10): 1260–1273.

39. Xue Y, Zerjal T, Bao W, et al. Male Demography in East Asia: a North-South contrast in human population expansion times [J]. Genetics, 2006, 172(4): 2431–2439.

40. Wen B, Li H, Lu D, et al. Genetic evidence supports demic diffusion of Han culture [J]. Nature, 2004, 431(7006): 302–305.

41. 马利清. 原匈奴、匈奴历史与文化的考古学探索[M]. 呼和浩特:内蒙古大学出版社,2005.

42. 林幹. 匈奴史[M]. 呼和浩特:内蒙古人民出版社,2007.

43. 泽田动. 匈奴:古代游牧国家的兴亡[M]. 王庆宪,丛晓明,译. 呼和浩特:内蒙古人民出版社,2010:174–175,190.

44. 陈立柱. 三十年间国内匈奴族源研究评议[J]. 学术界,2001,(9):53–71.

45. Bailey H W (1985) Indo-Scythian Studies: Being Khotanese Texts, Ⅶ [M]. Cambridge: Cambridge University Press, 1985: 25–41.

46. Vovin A. Did the Xiong-nu speak a Yeniseian language [J]? Central Asiatic Journal, 2000, 44(1): 87–104.

47. 李法军. 匈奴的语言属性:来自考古学与人种学的线索[J]. 青海民族研究, 2007,(4): 20–25.

48. 白鸟库吉. 匈奴民族考[M]. 何健民,译//林幹. 匈奴史论文选. 北京:中华书局,1983: 184–216.

49. 方壮猷. 匈奴语言考[J]. 国学季刊,1930,2(4): 693–740.

50. 蒲立本. 上古汉语的辅音系统·附录·匈奴语[M]. 北京:中华书局,1999: 163–167.

51. 王士元. 汉语的祖先[M]. 李葆嘉,主译. 北京:中华书局,2005:508–509.

52. Zhao Y B, Li H J, Cai D W, et al. Ancient DNA from nomads in 2500-year-old archeological sites of Pengyang, China [J]. Journal of Human Genetics, 2010, 55(4): 215–218.

53. 艾尔迪 M.摩尼教、景教和禽鸟服人与叶尼塞河谷岩画中匈人铜釜的关系[J].欧亚研究,1996,(68): 45–95.

54. 艾尔迪 M.从北方蛮人(公元前8世纪)和匈奴墓葬看古代匈牙利人的丧葬习俗[M]. 贾衣肯,译. 西北民族研究,2002,34:29–47.

55. Neparáczki E, Maróti Z, Kalmár T, et al. Mitogenomic data indicate admixture components of Central-Inner Asian and Srubnaya origin in the conquering Hungarians [J]. PLoS ONE, 2018, 13(10): e0205920.

56. Neparáczki E, Maróti Z, Kalmár T, et al. Y-chromosome haplogroups from Hun, Avar and conquering Hungarian period nomadic people of the Carpathian Basin [J]. Scientific Reports, 2019, 9: 16569.

57. Gusmão L, Sánchez-Diz P, Calafell F, et al. Mutation rates at Y chromosome specific microsatellites [J]. Human Mutation, 2005, 26(6): 520–528.

58. Altshuler D, Durbin R, Abecasis G R, et al. A map of human genome variation from population-scale sequencing [J]. Nature, 2010, 467(7319): 1061–1073.

第五章 三皇五帝:用基因拨开早期历史的迷雾

1. 高晶一.汉语与乌拉尔语言同源关系概论[M]//张维佳.地域文化与中国语言.北京:商务印书馆,2014,36–90.

2. Gao J Y. On etymology of Sinitic, Indo-European and Uralic terms for 'star' supported by regular sound correspondences [J]. Archaeoastronomy and Ancient Technologies, 2020, 8(2): 29–40.

3. Wang C C, Yan S, Hou Z, et al. Present Y chromosomes reveal the ancestry of Emperor Cao Cao of 1,800 years ago [J]. Journal of Human Genetics, 2012, 57: 216–218.

4. Wang C C, Yan S, Yao C, et al. Ancient DNA of Emperor CAO Cao's granduncle

matches those of his present descendants [J]. Journal of Human Genetics, 2013, 58: 238-239.

5. 文少卿,王传超,敖雪,等.古DNA证据支持曹操的父系遗传类型属于单倍群O2-F1462[J].人类学学报,2016,35(4): 617-625.

6. 徐丹,傅京起.语言接触与语言变异[M].北京: 商务印书馆,2019,69-96.

7. 宋兆麟.民族学中的人头祭与有关的考古资料[J].广西民族研究,1986,(1):66-77.

8. 金汉波.史前至商周时期的人头崇拜及其相关问题[J].民俗研究,2005,(4):89-111.

9. 孟鸥.从卜辞看商代的人祭之法[J].青岛大学师范学院学报,2000,17(4): 23-32.

10. 王胜华.西盟佤族的猎头习俗与头颅崇拜[J].中国文化,1994,(1):71-77.

11. 赵晔.良渚文明的圣地[M].杭州:杭州出版社,2013.

12. 刘斌,余靖静,曾奇琦.五千年良渚王国[M].杭州:浙江少年儿童出版社,2019.

13. 易华.从玉帛古国到干戈王"國"[J].甘肃社会科学,2017,(6): 62-68.

14. 侯毅.从东胡林遗址发现看京晋冀地区农业文明的起源[J].首都师范大学学报:社会科学版,2007,(1): 25-28.

15. 张文绪,袁家荣.湖南道县玉蟾岩古栽培稻的初步研究[J].作物学报,1998,(4): 416.

16. 张明华.抚胸玉立人姿式意义暨红山文化南下之探讨[J].上海博物馆集刊,2005,(10): 411-422.

17. 南海森.濮阳西水坡[M].郑州:中州古籍出版社,2012.

18. Yan S, Wang C C, Zheng H X, et al. Y Chromosomes of 40% Chinese Descend from Three Neolithic Super-Grandfathers [J]. PLoS ONE, 2014, 9(8): e105691.

19. 贺刚.湘西史前遗存与中国古史传说[M].长沙:岳麓书社,2013.

20. 辽宁省文物考古研究所.牛河梁:红山文化遗址发掘报告(1983~2003年度)[M].北京:文物出版社,2012.

21. 郭大顺.牛河梁红山文化遗址与玉器精粹[M].北京:文物出版社,1997.

22. 熊增珑,樊圣英,李道新,等.辽宁朝阳市半拉山红山文化墓地[J].考古,2017,(7): 18-30+2.

23. Wen S Q , Tong X Z, Li H. Y-chromosome-based genetic pattern in East Asia affected by Neolithic transition [J]. Quaternary International, 2006, 426: 50-55.

24. 中国社会科学院考古研究所,山西省临汾市文物局.襄汾陶寺:1978~1985年发掘报告[M].北京:文物出版社,2015.

25. Li H, Huang Y, Mustavich L F, et al. Y chromosomes of Prehistoric People along the Yangtze River [J]. Human Genetics, 2007, 122: 383-388.

26. 徐峰.石峁与陶寺考古发现的初步比较[J].文博,2014,(1): 18-22.

27. Lister D L, Jones H, Oliveira H R, et al. Barley heads east: genetic analyses reveal routes of spread through diverse Eurasian landscapes [J]. PLoS ONE, 2018, 13(7): e0196652.

28. Liu X, Lister D L, Zhao Z, et al. Journey to the east: diverse routes and variable flowering times for wheat and barley en route to prehistoric China [J]. PLoS ONE, 2017, 12(11): e0187405.

图片来源

部分图片来自以下文献：
图5.6 Yan et al.,2014。

部分图片来自《彩图科技百科》：
图2.1;图2.2;图2.3。

部分图片来自维基百科：
图1.1;图1.2。

部分图片根据相关文献、书籍绘制：
图3.5 据商务印书馆1936年版《自然创造史》(马君武译)绘制;图5.14 参1987年版《中国语言地图集》绘制,有改动;图5.15 参1987年版《中国语言地图集》绘制;图6.3 据Wang et al.,2012和Wang et al.,2013绘制。

部分图片由李辉提供：
图1;图2;图1.3;图1.4;图1.5;图1.6;图1.7;图1.8;图2.4;图2.6;图2.7;图3.1;图3.2;图3.3;图3.4;图3.8;图3.9;图3.10;图3.11;图4.3;图5.1;图5.2;图5.3;图5.7;图5.8;图5.9;图5.10;图5.11;图5.13;图6.1;图6.2;图6.4。

部分图片来自王传超(图2.5)、英国欧亚文明起源研究会(图5.12)。

本书地图由中华地图学社根据相关文献、书籍及李辉提供的图片绘制,由中华地图学社授权使用,地图著作权归中华地图学社所有。

后记　人类学家的梦

从1998年开始，我一直在做各种人类学研究。我这里用了“各种”一词。确实，人类学的“各种”分支领域特别多，大的有生物人类学、语言人类学、考古人类学、文化人类学，再往下林林总总数不胜数。而研究人类进化问题，特别是文明起源阶段的问题，一定要综合分析，各个领域都需要深究。只有这样，才可能对研究的对象有“上帝视角”，而不是“盲人摸象”。但是这种综合运用纷繁复杂的材料，整理出线索，归纳出规律的能力，是建立在全面掌握材料，并且运用严密的科学逻辑分析的基础上的。正因为此，很多人并不能理解：这么复杂的问题，怎么可能搞清楚；国际上那么伟大的权威都说研究不了，你怎么能研究？其实，大部分人不理解，那又如何？实际上，真正的创新，初期是鲜有人理解的。如果人人都能懂，那还叫创新吗？只有突破以后才会被世人所惊叹。正因为此，真正创新性的研究，其实根本申请不到科研经费，因为没有评审专家能懂。但是真正的科学研究必须创新，必须在梦想中前进。因为“善梦者才杰出”。

我的梦是什么？那就是探索中华的起源，破解两个科学问题：中华民族是怎么形成的；中华文化的生物学基础是什么。本书中探讨了很多对于人类进化和中华民族起源的研究探索，这些研究刚刚建立粗框架，还需要大量的工作去完善细节，相信故事会越来越精彩。

同时，我也在研究中华文化的核心本质。特殊文化的背后往往有生物学的特殊原因。“天人合一”“阴阳平衡”“五行生克”，这些概念可能并不是虚无缥缈的，而是我们的身体与东亚季风性气候长期适应进化形成的一种文化体现。而这些概念落到身体上，那就是“道家”“中医”“经络”等这些中华文化中最独特的部分。我们研究发现，正是季风性气候潮湿多雨的特性，使得我们的身体适应性地演化出“易汗”的表型特征。而排汗需要身体中的体液流动量增大，细胞间体液的流动通道，可能就是“经络”。我们在实验室中想了很多办法捕捉这些流动信号，已经取得了可喜的突破。

我也从药物归经的角度探索中医经络表型的本质。从数百种茶中，我分析出了4个因子。这4个因子的不同类型的组合，决定了服用以后开通哪一条经络。这实在是太神奇啦！通过研究，我发现传统的六大类茶，从制作工艺，到储存烹煮，到归经功效，体现出极其完美而简单的规律，这不就是“道”嘛！所以作为副产品，我把这些规律写成了《茶道经》。有人说我不务正业，研究人类学的怎么去研究茶了。学科哪有那么严格的边界啊？科学家更应该自由地探索，自由地梦想。如果被外行限制住手脚，还能有什么科学突破？关键在于，我是否掌握足够的材料，能否保证我研究方向的正确性。所以我的做法是从不固执，不断根据新的材料证据修正我的想法和方向。这不就是贝叶斯方法吗？不断学习不断修正，不用保证绝对正确，但永远保证在向正确方向发展。

如果中华民族的人类学研究是一个美梦，我愿长梦不愿醒。

李辉
2020年1月

图书在版编目(CIP)数据

人类起源和迁徙之谜/李辉，金雯俐著．—上海：上海科技教育出版社，2020.12(2023.4重印)
（“科学家之梦”丛书）
ISBN 978-7-5428-7389-7

Ⅰ．①人…　Ⅱ．①李…　②金…　Ⅲ．①人类起源-普及读物　②人口迁移-历史-世界-普及读物
Ⅳ．①Q981.1-49　②C922.1-49

中国版本图书馆CIP数据核字(2020)第208001号

丛书策划　卞毓麟　王世平　匡志强
责任编辑　伍慧玲
封面设计　杨艳渊
版式设计　杨　静

上海文化发展基金会图书出版专项基金资助项目
“科学家之梦”丛书
人类起源和迁徙之谜
李辉　金雯俐　著

出版发行　上海科技教育出版社有限公司
（上海市闵行区号景路159弄A座8楼　邮政编码201101）
网　　址　www.sste.com　www.ewen.co
经　　销　各地新华书店
印　　刷　上海颛辉印刷厂有限公司
开　　本　890×1240　1/32
印　　张　7
版　　次　2020年12月第1版
印　　次　2023年4月第3次印刷
书　　号　ISBN 978-7-5428-7389-7/N·1106
审 图 号　GS(2020)6873号
定　　价　50.00元